Erwin Dee Kord (Hrsg.)

Aquarquf

Erwin Dee Kord (Hrsg.)

Aquarquf

Bagdad, Kassiten, Kuri-galzu I., Kassiten

Solv

Publisher:
Solv is a trademark of
International Book Market Service Ltd., 17 Rue Meldrum, Beau Bassin, 1713-01 Mauritius
Email: info@bookmarketservice.com
Website: www.bookmarketservice.com

Published in 2012

Printed in: U.S.A., U.K., Germany. This book was not produced in Mauritius.

ISBN: 978-613-9-13577-6

Aquarquf

Aquarquf (oder *Agarquf, Aquar Quf*, Tell-'Abyad) liegt etwa 30 km westlich von Bagdad. Hier befand sich das Mitte des zweiten Jahrtausends v. Chr. während der Periode der Kassiten von Kurigalzu I. gegründete *Dur Kurigalzu* (KUR-TI). Es war die Hauptstadt der kassitischen Könige von Babylonien.

Ausgrabungen

Die Stadt wurde in den 40er Jahren durch das Directorate General of Antiquities unter Leitung von Tahar Baqir ausgegraben.

Ausgegraben wurde eine große Sammlung von Schrifttafeln, ein Tempelbezirk und ein Palastkomplex. Neben zahlreichen Objekten aus Metall und Tonwaren entdeckte man eine Sammlung gebrannter Lehmstatuen. Diese zeigen nackte weibliche Figuren, die vermutlich mit dem Kult von Ištar in Verbindung stehen, Köpfe von Männern, unter diesen einen gut modellierten bärtigen Kopf der verschiedenfarbig bemalt ist, Figuren kniender Beter, Figuren von ihre Welpen säugenden Hunden, einige mit Inschriften mit Beschwörungen von Gula, der Göttin der Heilkunst. Steinerne Ornamente aber auch solche mit Gold, Silber und Lapislazuli wurden gefunden. Drei Fresken aus dem 14. Jh. v. Chr., die menschliche Figuren zeigen, fand man an einer Wand des Enlil-Tempels. Der Palast H enthielt Wandmalereien, die in roten, kobaltblauen, preußischblauen, gelben, weißen und schwarzen Pigmenten ausgeführt waren. Die Malereien haben Parallelen in Nuzi (15. Jh.) und in Kar-Tukulti-Ninurta (13. Jh.). An den Türdurchgängen durch die außerordentlich dicken Wände befanden sich Prozessionsdarstellungen. Reste dieser Malereien wurden im Irak-Museum in Bagdad aufbewahrt.

Die Zikkurat ist heute noch ca. 57 Meter hoch und teilweise rekonstruiert.

Verwaltung

Enlil-bānī, Nachfahre des Amilatum, *šandabakku* von Nippur war *raba'num* von KUR-TI. Auf einem tönernen kudurru des Kuri-Galzu I. wird er ebenfalls als *nešakku* genannt. Vermutlich war er unter diesem Herrscher auch *šandabakku* von Nippur und *raba'num* von KUR-TI. Sein Nachfolger unter Burna-Buriaš II. wurde Ninurta-nadin-ahhe, den die meisten Forscher für seinen Sohn halten. Dessen Nachfolger war Enlil-kidinni, der auch unter den drei folgenden Herrschern belegt ist.

Literatur

- Directorate General of Antiquities, Ministry of Information: *Guide-Book to the Iraq Museum*, Third Edition 1976, Baghdad, Republic of Iraq 1976.
- Poebel, A., The city of Esa (Dur-Kurigalzu). Assyriological Studies 14, 1947, 1-22.
- Yoko Tomabechi, Wall paintings from Dur Kurigalzu. Journal of Near Eastern Studies 42/ 2, 1983, 123-131.
- Tahar Baqir, lraq Government Excavations at 'Aqar Quf: Second Interim Report, 1943-1944. Iraq Supplement 1945.
- Tahar Baqir, raq Government Excavations at 'Aqar Quf: Third Interim Report, 1944-45. Iraq 8, 1946.

Weblinks

- Aquarquf [1] und einige Bilder auf den folgenden Seiten.

References

[1] http://www.meisterdinger.de/irak/irak03.htm

Bagdad

Bagdad	
Lage	
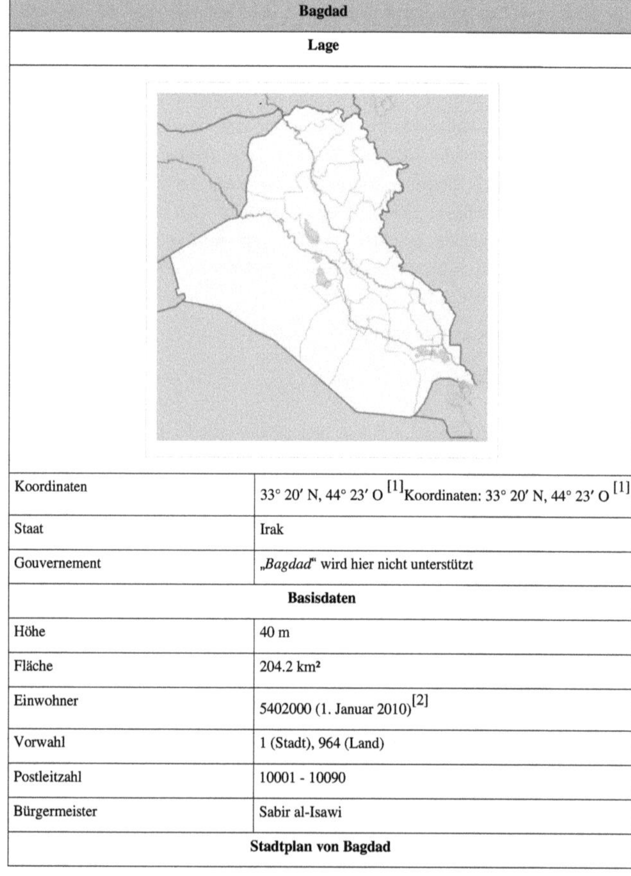	
Koordinaten	33° 20′ N, 44° 23′ O [1]Koordinaten: 33° 20′ N, 44° 23′ O [1]
Staat	Irak
Gouvernement	„*Bagdad*" wird hier nicht unterstützt
Basisdaten	
Höhe	40 m
Fläche	204.2 km²
Einwohner	5402000 (1. Januar 2010)[2]
Vorwahl	1 (Stadt), 964 (Land)
Postleitzahl	10001 - 10090
Bürgermeister	Sabir al-Isawi
Stadtplan von Bagdad	

Bagdad (persisch: „Geschenk Gottes“ bzw. „Geschenk des Großkönigs“ entsprechend „baġ“: „Gott“ bzw. „Herr“ und „dād“: „Gabe“;[3] arabisch بغداد, DMG *Baġdād*; in der englischen Transkription als *Baghdad* geschrieben) ist die Hauptstadt des Irak und des gleichnamigen Gouvernements. Sie ist mit 5,4 Millionen Einwohnern (2010)[2] eine der größten Städte im Nahen Osten. In der Metropolregion, die weit über die Grenzen des Gouvernements hinausreicht, leben 11,8 Millionen Menschen (2010), was etwa 40 Prozent der Gesamtbevölkerung des Iraks entspricht.[4]

Die Stadt ist das politische, wirtschaftliche und kulturelle Zentrum des Landes sowie Sitz der irakischen Regierung, des Parlaments, aller staatlichen und religiösen Zentralbehörden sowie zahlreicher diplomatischer Vertretungen. Bagdad ist der bedeutendste Verkehrsknotenpunkt Iraks und besitzt zahlreiche Universitäten, Hochschulen, Theater, Museen sowie Baudenkmäler.

Geographie

Geographische Lage

Satellitenaufnahme von Bagdad

Die irakische Hauptstadt liegt etwa in der Landesmitte des Irak durchschnittlich 40 Meter über dem Meeresspiegel. Sie erstreckt sich am Mittellauf des Tigris, der bis Bagdad schiffbar ist.

Der Fluss teilt die Stadt in zwei Hälften, den östlichen Teil *Risafa* und den westlichen Teil *Karch*. Der Boden ist sehr flach und aufgrund der periodischen Überschwemmungen alluvialen Ursprungs.

Der Fluss Tigris, an dessen Ufern Bagdad liegt, ist ein wichtiger Handelsweg für die Stadt. In Bagdad laufen einige durch den fruchtbaren Halbmond führenden Handelsrouten zusammen, einem niederschlagsreichen Winterregengebiet, nördlich der Syrischen Wüste und im Norden der Arabischen Halbinsel gelegen.

Zusammen mit dem Euphrat bildet der Tigris, dessen Einzugsgebiet 375.000 Quadratkilometer umfasst, das Zweistromland, in dem sich einige der ersten Hochkulturen entwickelten.

Stadtgliederung

Bagdad gliedert sich in neun Stadtbezirke:[5]

- al-Aʿzamiyya (الأعظمية)
- Baghdād al-dschadīda (Tisa Nisan) (بغداد الجديدة)
- al-Kāzimiyya (الكاظمية)
- al-Karāda (الكرادة)
- al-Karch (الكرخ)
- Mansūr (منصور)
- al-Raschīd (الرشيد)
- al-Rusāfa (الرصافة)
- Sadr City (Thaura) (مدينة الصدر)

Klima

Die Stadt besitzt ein trockenes subtropisches Klima und ist in Bezug auf die maximalen Temperaturen eine der heißesten Städte der Welt. In den Sommermonaten zwischen Juni und September steigt die durchschnittliche maximale Temperatur auf 41 bis 43 Grad Celsius, begleitet von starker Sonnenstrahlung: Regen ist während dieser Zeit des Jahres äußerst unwahrscheinlich. Temperaturen über 50 Grad Celsius sind nicht unbekannt, und auch in der Nacht sinken diese selten unter 24 Grad Celsius.

Die Luftfeuchtigkeit ist sehr gering und liegt in der Regel unter zehn Prozent. Staubstürme aus den Wüsten im Westen sind im Sommer ein normales Ereignis. Sie finden an durchschnittlich 20 Tagen im Jahr statt.

Im Winter, zwischen Dezember und Februar, beträgt die maximale Temperatur durchschnittlich 16 bis 18 Grad Celsius. Die minimale Temperatur im Januar liegt bei etwa vier Grad Celsius im Mittel, aber auch Werte unter null Grad Celsius sind nicht selten in dieser Jahreszeit. Die jährliche Niederschlagsmenge von durchschnittlich etwa 148 Millimeter fällt fast ausschließlich im Zeitraum von November bis März.

Bagdad
Klimadiagramm (Erklärung)
J F M A M J J A S O N D
Temperatur in °C, Niederschlag in mm
Quelle: [6]

Monatliche Durchschnittstemperaturen und -niederschläge für Bagdad

	Jan	Feb	Mär	Apr	Mai	Jun	Jul	Aug	Sep	Okt	Nov	Dez		
Max. Temperatur (°C)	15.6	17.8	21.7	29.4	36.1	40.6	43.3	43.3	40.0	33.3	25.0	17.8	Ø	**30.3**
Min. Temperatur (°C)	3.9	5.6	8.9	13.9	19.4	22.8	24.4	24.4	21.1	16.1	10.6	5.6	Ø	**14.7**
Niederschlag (mm)	23	25	28	13	3	2	2	2	2	3	20	25	Σ	**148**
Sonnenstunden (h/d)	6.2	7.3	7.9	8.6	9.7	8.3	11.2	11.4	10.5	8.8	7.1	6.3	Ø	**8.6**
Regentage (d)	4	3	4	3	1	0	0	0	0	1	3	5	Σ	**24**

Quelle: [7]

Geschichte

Stadtgründung und Blütezeit

Bagdad wurde am 30. Juli 762[8] von dem abbasidischen Kalifen al-Mansur als neue Hauptstadt des islamischen Reichs gegründet (Name: *Madīnat as-Salām*, „Stadt des Friedens"). Sie entstand nur wenige Kilometer östlich der alten Hauptstadt des Sassanidenreiches, Ktesiphon. Innerhalb von vier Jahren entstanden der Kalifenpalast (*Bāb adh-dhahab* oder *al-Kubba al-Kadra*) und die Hauptmoschee am westlichen Tigrisufer. Die Stadt wurde kreisförmig mit dem Palast und der Moschee im Zentrum konzipiert. Die Kreisstadt war in vier Vierteln mit je einem Stadttor, das in eine Himmelsrichtung zeigte, eingeteilt. Die Soldaten des Kalifen wurden nordwestlich von Bagdad in einem eigenen Ort (Al-Harbiya) quartiert. Der heutige Stadtteil Karch war damals für die Arbeiter gedacht, während innerhalb des Kreises der Hof, die Garde, der Harem und die oberste Verwaltung wohnte.

Grabmal von Zumurrud Khatun, erbaut um 1190

Aufgrund der günstig gewählten Lage am Knotenpunkt zahlreicher Handelsstraßen und der fruchtbaren Anbaugebiete in ihrer Nähe zum Tigris (*Didschla*) florierte die neu gegründete Stadt schnell. Als al-Mansurs Sohn al-Mahdi den Thron bestieg, hatte Bagdad bereits eine Fläche von 15 Quadratkilometern. Es war Zentrum der Wissenschaften und Künste, kurzum, es war die Glanzzeit Bagdads.

Stagnation und Invasionen

Die Mongolen unter Chülegü vor Bagdad 1258

Zwischenzeitlich verlegte der Kalif al-Mu'tasim die Hauptstadt nach Samarra (808-819 und 836-892), um seine Armee von der Bevölkerung fernzuhalten. Doch auch als das Kalifat an Macht verloren hatte und zuerst die Buyiden-Dynastie (945-1055) und später die Seldschuken (1055-1135) das islamische Reich beherrschten, blieb sie eine der wichtigsten Städte der islamischen Welt, bis sie 1258 von den Mongolen unter Chülegü erobert wurde, die am 10. Februar 1258 den letzten Kalifen Al-Mustasim töteten und nach Augenzeugenberichten unvorstellbare Gräueltaten anrichteten, Quellen berichten von einer Pyramide aus Totenschädeln.

Viel gewichtiger war aber, dass im Zusammenhang mit dieser Eroberung Bagdads und des Zweistromlandes (Mesopotamien) sowohl von den verteidigenden Mamelucken als auch von den Mongolen die hochkomplexen Bewässerungssysteme des Landes zerstört wurden. Die Folgen dieser Zerstörungen wurden durch die Vertreibung der lokalen Bevölkerung und dem damit verbundenen Verlust des Wissens über den Betrieb und die Instandhaltung des Bewässerungssystems noch verstärkt. Die Desertifikation (Austrocknung) Mesopotamiens setzte ein, und Bagdad, zuvor die zumindest zweitgrößte Stadt der Welt, versank zusammen mit ganz Mesopotamien in der Bedeutungslosigkeit.

Osmanische Herrschaft

Bagdad im 19. Jahrhundert

Seit dem 16. Jahrhundert stritten sich die Herrscher Persiens und der Türkei mehrfach um die Stadt. 1508 geriet Bagdad unter persische Herrschaft, 1534 wurde die Stadt dem Osmanischen Reich eingegliedert. 1623 eroberten persische Truppen die Stadt zurück, die dann 1638 erneut von den osmanischen Streitkräften eingenommen wurde. Im Jahre 1652 zählte Bagdad nur noch ungefähr 15.000 Einwohner. Bagdad blieb unter osmanischer Herrschaft und wurde die Hauptstadt der Provinz Bagdad, einer der drei Provinzen, aus denen der spätere Irak entstand.

Das jüdische Viertel von Bagdad im 19. Jahrhundert

Nachdem sich schon im 17. Jahrhundert Paschas in Basra und Bagdad von den Osmanen zeitweise unabhängig gemacht hatten, begründete 1704 der von den Osmanen als Statthalter eingesetzte Hasan Pascha (1704–1723) die Macht der Mamelucken in Bagdad. Die Paschas von Bagdad erlangten in der Folgezeit weitgehende Autonomie, mussten aber weiterhin die Oberhoheit der Osmanen anerkennen. Unter Ahmad Pascha (1723–1747) wurde 1733 ein Angriff der Perser unter Nadir Schah auf Bagdad abgewehrt. Nach dem Tod von Ahmad Pascha versuchten die Osmanen zwar wieder die Kontrolle über Bagdad zu erringen, mussten aber 1749 Sulaiman Pascha (1749–1762) als Statthalter anerkennen. Unter ihm wurde die Provinz Basra mit Bagdad vereinigt.

Unter Büyük Süleyman Pascha (1780–1802) erreichte die Dynastie ihren Höhepunkt, als das Land befriedet, eine umfangreiche Bautätigkeit eingeleitet wurde. Auch konnte 1801 ein Angriff der Wahabiten auf den Irak erfolgreich abgewehrt werden, obwohl diesen die Zerstörung der schiitischen Heiligtümer Nadschaf und Kerbala gelang. 1831 wurde Bagdad von osmanischen Truppen besetzt und wieder der Zentralverwaltung unterstellt, nachdem eine Pestepidemie die Herrschaft der Dynastie erheblich geschwächt hatte. In Bagdad hatten von 80.000 Einwohnern nur 27.000 Menschen überlebt.

1864 erfolgte die Gründung der ersten Schule der Alliance Israélite Universelle, die sich die Verbreitung fortschrittlichen Wissens innerhalb der jüdischen Glaubensgemeinschaft zum Ziel setzte. Die osmanische Verfassung von 1876 proklamierte den Islam als Staatsreligion, gab der jüdischen und christlichen Bevölkerung gleiche politische Rechte und ermöglichte ihnen den Zugang zu öffentlichen Ämtern. Zu dieser Zeit war Bagdad eine kosmopolitische und multinationale Stadt. Unter den Muslimen waren die Schiiten und Sunniten zu ziemlich gleichen Teilen zahlreich vertreten; neben ihnen fanden sich viele Juden, zu den wohlhabendsten Kauf- und Geschäftsleuten gehörend (etwa 1300 Familien mit drei Synagogen), Christen (Armenier, Jakobiten, Nestorianer, Griechen, etwa 300 Familien), Perser und einige Inder. Am 2. Juni 1914 erlangte die Stadt mit der Eröffnung des Teilabschnitts Sumike–Bagdad Anschluss an die Bagdadbahn.

Britische Kolonialzeit

Während des Ersten Weltkrieges marschierten britische Truppen ein und besetzten am 11. März 1917 ohne größeren Widerstand durch die osmanische Armee Bagdad. Der britische Befehlshaber General Sir Frederick Stanley Maude sagte in einer Erklärung vom 19. März 1917 zu den Bewohnern Bagdads:

Blick auf Bagdad 1918

> *„Unsere Armeen kommen nicht in eure Städte und euer Land als Eroberer oder als Feind, sondern als Befreier. Einwohner Bagdads, vergesst nicht: Seit 26 Generationen leidet ihr unter fremden Tyrannen, die alles dafür taten, dass ein arabisches Haus gegen ein anderes stand, damit sie von eurer Uneinigkeit profitieren konnten. Diese Politik ist abscheulich für Großbritannien und seine Alliierten, denn es kann weder Frieden noch Wohlstand geben, wo Feindschaft oder eine schlechte Regierung herrscht.“*[9]

Bagdad 1932

Nach der Niederschlagung eines landesweiten antikolonialen Aufstands durch britische und indische Soldaten unter dem Oberbefehlshaber Generalleutnant Sir Aylmer Haldane, in deren Verlauf zahlreiche Menschen getötet wurden, löste Großbritannien im Herbst 1920 die Provinzen Bagdad, Mosul und Basra aus dem Osmanischen Reich heraus und vereinte sie zum heutigen Irak. Der Völkerbund sanktionierte diese Maßnahme und übertrug Großbritannien das Mandat über dieses neu entstandene Land.

Am 23. August 1921 wurde unter britischer Kontrolle das Königreich Irak mit Bagdad als Hauptstadt errichtet. Am 3. Oktober 1932 wurde das britische Mandat aufgehoben und der Irak erlangte seine formelle Unabhängigkeit. Die Briten sicherten sich allerdings eine wirtschaftliche Sonderstellung und behielten einen starken politischen Einfluss.

Unabhängigkeit und Wirtschaftsboom

Britische Truppen in Bagdad im Juni 1941

Der Widerstand innerhalb der irakischen Bevölkerung gegen die starke Rolle Großbritanniens war groß. Mit der Unterstützung Deutschlands beseitigten Offiziere am 1. April 1941 die probritische Regierung. Neuer Ministerpräsident wurde Raschid Ali al-Gailani, der eine „Regierung der Nationalen Verteidigung" bildete. Großbritannien schickte Truppen aus Transjordanien und Britisch-Indien, die am 2. Mai 1941 in Basra an Land gingen. Obwohl die irakischen Einheiten sogar die Staudämme des Euphrat sprengten, war es ihnen nicht möglich, den britischen Vormarsch aufzuhalten. Am 29. Mai 1941 erreichten die britischen Truppen nach schweren Kämpfen mit der irakischen Armee die Vororte Bagdads, die Regierung Gailani floh daraufhin in den Iran.

Die irakische Hauptstadt 1977

Am 1. und 2. Juni 1941 brach eine Welle von arabisch-nationalistisch motivierten Pogromen gegen die ortsansässige jüdische Bevölkerung aus.[10] In den zwei Tagen starben in Bagdad 179 Menschen jüdischen Glaubens, zahlreiche Häuser und Geschäfte im jüdischen Viertel wurden zerstört. Die britischen Einheiten verharrten in den Außenbezirken und unternahmen nichts.[11] [12] 1951 und 1952 verließen fast alle Bagdader Juden über eine Luftbrücke nach Israel den Irak.

Die Einwohnerzahl der Stadt stieg von schätzungsweise 145.000 (1900) auf 490.000 (1957), vor allem durch Zuwanderer aus dem schiitischen Süden, die, in der Hauptstadt angekommen, unter massiver Wohnungsnot litten. Erst unter der Herrschaft Abd al-Karim Qasims wurde durch den Bau der damals geradezu vorbildlichen Satellitenstadt *Madinat al-Thaura* („Stadt der Revolution"), später Saddam City, dann Sadr City, etwas Abhilfe verschafft.

Nach der Verstaatlichung der Unternehmen im Ölsektor 1972 und dem Anstieg des Ölpreises ab 1973 waren die irakischen Öleinnahmen enorm. Zu dieser Zeit entstand eine moderne Infrastruktur mit Kanalisation, Wasserleitungen und Autobahnen. Viel Geld floss auch in sozialpolitische Maßnahmen, vor allem in die Entwicklung des Gesundheitswesens und des Erziehungssektors.

Die Öleinnahmen wurden auch genutzt, um die Industrie, den Transport- und Kommunikationssektor und andere Bereiche wie Erholung, Tourismus, Handel und alle anderen Wirtschaftssektoren zu fördern. Während dieser Zeit stieg die Bevölkerungszahl weiter rasant an. Den größten Teil der Zuwanderer stellten schiitische Araber. Sie zogen überwiegend in die Vororte Bagdads, wo sie in Slums unter prekärsten Verhältnissen hausten.

Erster und Zweiter Golfkrieg

Im Ersten Golfkrieg (1980-1988) zwischen dem Iran und dem Irak war die Stadt Ziel iranischer Raketenangriffe vom Typ Scud, die aber nur wenige Opfer forderten und geringe Schäden verursachten. Im Zweiten Golfkrieg wurde die Stadt ab 17. Januar 1991 sieben Wochen durch die alliierten Streitkräfte unter Führung der USA bombardiert.

Der Luftkrieg richtete sich auf militärische Ziele wie die irakische Republikanische Garde, Luftverteidigungssysteme, Militärflugzeuge und Flugplätze, sowie Spionagesysteme. Zugleich zielte er auf Anlagen, die sowohl dem Militär als auch den Zivilisten nützlich sein könnten: Elektrizitätsanlagen, Nachrichtentechnik, Ölraffinerien und -pipelines, Eisenbahnen und Brücken. Die Energieversorgung der Hauptstadt wurde zerstört. Am Ende des Krieges lag die Elektrizitätsproduktion bei vier Prozent des Vorkriegsniveaus, Monate später bei 20 bis 25

Prozent.

Des Weiteren wurde die Trinkwasserversorgung weitflächig gezielt zerstört, was insbesondere die Zivilbevölkerung schwer leiden ließ. Bomben zerstörten die Steuerungssysteme der meisten Pumpstationen und zahlreiche Kläranlagen. Das Abwasser floss direkt in den Tigris, von dem die Zivilbevölkerung der irakischen Hauptstadt Trinkwasser entnehmen musste. Dadurch kam es in der Stadt zu Epidemien.

In den meisten Fällen vermieden die Verbündeten, rein zivile Ziele anzugreifen. Jedoch starben alleine über 300 Zivilisten durch Bombentreffer während eines Luftangriffs auf einen Luftschutzbunker am 13. Februar 1991 in Bagdad. Die US-Regierung erklärte, dass der Bunker ein legitimes militärisches Ziel gewesen sei und bedauerte den Verlust von Menschenleben.

Irakkrieg

Der Irakkrieg begann am 20. März 2003 mit gezielten Bombardements in Bagdad. In der Nacht vom 19. auf den 20. März 2003, das Ultimatum war gerade zwei Stunden abgelaufen, feuerten die USA 40 Marschflugkörper auf die Hauptstadt ab. Erklärtes Ziel war Saddam Hussein zu stürzen und Massenvernichtungswaffen ausfindig zu machen. Die Bombardierungen der alliierten Streitkräfte führten zu erheblichen Zerstörungen der militärischen und zivilen Infrastruktur.

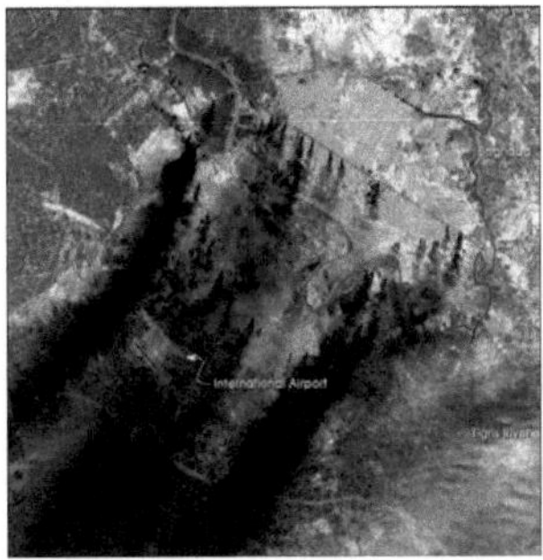

Satellitenbild vom 31. März 2003. Das Bild zeigt Rauchwolken brennender Öl-Gräben, von irakischen Truppen angezündet.

In den ersten beiden Tagen des Krieges drangen die US-Truppen etwa 200 Kilometer ins Landesinnere ein, am 24. März waren die Truppen bereits 90 Kilometer vor Bagdad. Nach etwa zehn Tagen geriet dieser Vormarsch ins Stocken. Dafür waren mehrere Gründe verantwortlich: Zum einen ein sehr heftiger Sandsturm, der Waffensysteme wie zum Beispiel Hubschrauber stark gefährdete, Widerstand irakischer Truppen, die kritische Passagen über den Euphrat zu schützen versuchten, sowie das schnelle anfängliche Vorrücken, das eine lange Nachschublinie relativ ungesichert zurückließ. Dann jedoch brach der irakische Widerstand (nicht der der Milizen) schnell zusammen.

Stadtplan von Bagdad (2003)

In den frühen Morgenstunden des 3. April 2003 begann mit einem intensiven Bombardement des „Saddam International Airports“ die Schlacht um Bagdad. Der Flughafen der Stadt wurde am 4. April eingenommen. Am 5. April rückten die US-amerikanischen Truppen erstmals ins Stadtzentrum vor. Es fand zwar kein Häuserkampf statt, wie befürchtet worden war, dennoch erlitt die irakische Seite schwere Verluste. Die Streitkräfte des Irak beschränkten sich auf eine überwiegend passive Vorgehensweise mit vielen Defensivbauten wie Gräben und paramilitärischen Anleihen. Bagdad konnte ab diesem Zeitpunkt dennoch als offene Stadt gelten. Die US-amerikanischen Streitkräfte brachten die Stadt innerhalb der nächsten vier Tage weitgehend unter ihre Kontrolle, dennoch kam es auch weiterhin zu geringeren Kämpfen.

Am Nachmittag des 9. April 2003 standen amerikanische M1A1 Abrams-Kampfpanzer auf dem Firdosplatz (Paradiesplatz) vor dem Palestine Hotel. Um 18:49 Uhr deckte ein US-Soldat die Saddam-Statue zuerst mit der US-Flagge und später mit einer irakischen Flagge ab. Danach wurde die Statue mit Hilfe eines M88-Bergepanzers zum Einsturz gebracht. Dieses Bild steht symbolisch für das Ende des Irakkrieges.

Nachkriegszeit

Das durch einen Autobombenanschlag zerstörte UN-Hauptquartier im August 2003

Nach dem Ende der Kampfhandlungen litt ganz Bagdad unter Plünderungen, Chaos und Anarchie, welche die US-Truppen nicht unter Kontrolle bekamen. Am 1. Mai 2003 erklärte US-Präsident George W. Bush den Irakkrieg für beendet. Trotzdem kommt es immer wieder zu verheerenden Anschlägen, von denen nicht nur die US-Truppen, sondern auch die irakische Bevölkerung betroffen ist.

Ein Anschlag auf das UN-Hauptquartier in Bagdad am 19. August 2003 forderte 23 Todesopfer, unter ihnen der UN-Sondergesandte Sérgio Vieira de Mello.[13]

Zwei M1A1 Abrams-Kampfpanzer vor dem Triumphbogen Schwerter von Kadesia im November 2003

Am 31. August 2005 kam es auf der *Al-Aaimmah-Brücke*, die den Tigris überspannt und die Stadtteile Asamya und Kasamiya verbindet, zu einer Massenpanik unter schiitischen Pilgern die den Todestag des Imam Mussa Al-Kadhim gedachten. Durch das Gerücht, ein Selbstmordattentäter sei in der Menge, entstand Panik wodurch hunderte Menschen erdrückt und niedergetrampelt wurden, oder in den Tigris stürzten; Bei dem Unglück kamen 1.011 Menschen ums Leben, mehr als 800 wurden verletzt. Aufgrund dieses Vorfalles wurde eine dreitägige Staatstrauer angeordnet.

Am 14. September 2005 wurden bei der Explosion einer Autobombe, inmitten einer Gruppe Arbeitssuchender, 112 Menschen getötet und Dutzende verletzt. Am 28. August 2006 starben bei einem Anschlag auf das Innenministerium 13 Menschen. Das Attentat galt den Polizeichefs aller 18 Gouvernements des Landes, die sich in dem Gebäude in der irakischen Hauptstadt aufhielten.[14] Am 23. November 2006 wurden bei der nahezu gleichzeitigen Explosion von sechs Autobomben im Stadtteil Sadr-City, 202 Menschen getötet und 255 verletzt. Am 3. Februar 2007 brachte ein Selbstmordattentäter einen mit Sprengstoff beladenen Lastwagen inmitten eines belebten Marktes zur Detonation, wobei 137 Menschen starben und mehr als 300 verletzt wurden.

Am 12. April 2007 erschütterte eine Explosion das Parlamentsgebäude in der stark gesicherten „Grünen Zone" in Bagdad. Nach ersten Pressemeldungen kamen dabei mindestens zwei Abgeordnete ums Leben. Einige Stunden zuvor war bereits bei einem Selbstmordanschlag, dem ebenfalls mehrere Menschen zum Opfer fielen, eine wichtige Tigris-Brücke in Bagdad, die Al-Sarafija-Brücke, zerstört worden.[15] Wenige Tage später, am 18. April 2007, trafen fünf weitere Anschläge die irakische Hauptstadt. Allein die Detonation einer Autobombe nahe dem Marktplatz im Sadrija-Viertel kostete 127 Menschen das Leben. Insgesamt forderten die Attentate über 230 Todesopfer.[16] Bei Luftangriffen in Bagdad am 12. Juli 2007 wurden von Bordschützen US-amerikanischer Apache-Hubschrauber 12 Zivilpersonen getötet, darunter die beiden Reuters-Mitarbeiter Saeed Chmagh und Namir Noor-Eldeen.[17]

Autobombenanschlag im August 2006 vor dem Gebäude der Zeitung Al-Sabah („Der Morgen")

Seit dem offiziellen Ende des Irakkrieges im Mai 2003 sind erheblich mehr US-Soldaten durch Anschläge, sowohl von Widerstandsgruppen wie auch von islamistischen Terroristen, umgekommen als durch die Kriegshandlungen zuvor. Zahlreiche Opfer forderten die Angriffe auch unter der Zivilbevölkerung. Auch Vertretern der mehrheitlich von Schiiten und Kurden getragenen irakischen Regierung wurden wiederholt zum Ziel von Anschlägen. Die Terrorgruppe al-Qaida verfolgt anscheinend die Strategie, einen Bürgerkrieg zwischen Schiiten und Sunniten zu provozieren, um so zu verhindern, dass der Irak eine staatliche Ordnung findet. Insbesondere die Hauptstadt Bagdad ist von den Auseinandersetzungen betroffen. Dort wiesen die meisten Toten zudem Folterspuren auf.[18]

Spähtrupp der 2. US-Infanteriedivision auf Aufklärungsmission im August 2006

2003 begann die US-Armee mit dem Bau von bis zu fünf Meter hohen Schutzmauern, um wichtige Gebäude vor Terroranschlägen zu schützen. Später schirmte die US-Armee ganze Stadtviertel mit Betonmauern ab. Um die anhaltende Gewalt unter Kontrolle zu bringen, begann die Regierung 2006 mit der Planung für ein noch größeres Bauwerk, den 100 Kilometer langen Bagdader Sperrgürtel. Er sollte in Form eines Ringes aus wassergefüllten und mit Stacheldraht gesicherten Gräben, sowie Barrieren, Zäunen und verstärkten Kontrollposten um die Hauptstadt errichtet werden.[19] Das Bauwerk wurde nach dem Rückgang der Gewalt nicht realisiert.[20]

Am 30. Juni 2009 zogen sich die US-Truppen aus Bagdad und anderen Städten zurück. Sie wurden auf Stützpunkte außerhalb der Städte verlegt. Die irakische Regierung rief den Tag zum Nationalen Feiertag der Souveränität aus. Am 5. August 2009 beschloss Ministerpräsident Nuri al-Maliki den Abriss sämtlicher Schutzwälle in der Hauptstadt.[21] Seit dem Abzug der US-Armee aus Bagdad kam es weiter zu zahlreichen Anschlägen.[22] Am 19. August 2009 wurden bei Bombenattentaten auf das Finanz- und das Außenministerium mehr als 100 Menschen getötet. Am 25. Oktober 2009 starben 155 Personen, als zwei Autobomben am Justizministerium und am Gouverneurssitz detonierten.[23] Am 8. Dezember 2009 forderte eine Serie von Anschlägen auf das Innenministerium, das Arbeitsministerium, ein Kunstinstitut und ein Gerichtsgebäude 127 Todesopfer.[24] Am 4. April 2010 starben bei einer Anschlagsserie auf ausländische Botschaften, darunter auch die deutsche, 50 Menschen.[25]

Bevölkerung

Einwohnerentwicklung

Aufgrund der hohen Geburtenrate und der starken Landflucht ist die Bevölkerung von Bagdad besonders in der zweiten Hälfte des 20. Jahrhunderts sehr stark gewachsen. Lebten 1947 erst 352.000 Menschen in der Stadt, so waren es 1965 bereits 1,5 Millionen. Bis 1977 verdoppelte sich diese Zahl auf 2,9 Millionen. 2010 hatte die Stadt 5,4 Millionen Einwohner.[2]

Durch die eng gezogenen Stadtgrenzen ist die Bevölkerungszunahme in der Stadt inzwischen deutlich abgeschwächt, diese findet vor allem in den zahlreichen Vororten statt, die inzwischen mit zusammen etwa 6,4 Millionen Einwohnern bevölkerungsreicher sind als die Stadt selbst. In der Metropolregion Bagdad leben insgesamt 11,8 Millionen Menschen (2010).[4]

Die große Mehrheit der Bevölkerung ist arabischer Abstammung (diese zerfällt in die religiösen Gruppierungen der Sunniten und Schiiten), doch es gibt auch eine große kurdische Gemeinde, sowie eine bedeutende Anzahl von Turkomanen, Assyrern/Aramäern. Auch einige Sudanesen bewohnen die Millionenmetropole.

Die Einwohnerzahlen in der folgenden Übersicht beziehen sich auf die eigentliche Stadt ohne Vorortgürtel.

Jahr	Einwohner	Jahr	Einwohner
1800	80.000	1935	287.000
1860	105.000	1947	352.000
1870	100.000	1957	490.496
1880	60.000	1965	1.523.302
1885	180.000	1977	2.888.000
1890	145.000	1981	3.300.000
1900	145.000	1987	3.841.268
1910	225.000	1995	4.478.000
1920	250.000	2008	5.258.000
1930	250.000	2010	5.402.000

Sprachen

In der Hauptstadt wird das Irakische Arabisch gesprochen, ein Dialekt des Arabischen. Wenn von „Standard-Irakisch-Arabisch" die Rede ist, so wird fast immer der Bagdader Dialekt gemeint. Dieser lässt sich nach der Aussprache von hocharabisch *qultu* („ich sagte") in einen „arabischen" (*gilit*) und einen „jüdischen" (*keltu*) Zweig unterteilen. Das Hocharabische ist seit der arabischen Eroberung im 7. Jahrhundert Schriftsprache.

Blick über Sadr City im Norden von Bagdad

Die Angehörigen der Chaldäisch-Katholischen Kirche feiern die Liturgie in der syrisch-aramäischen Sprache. Da jedoch ein Großteil der Gläubigen Arabisch spricht, wird die arabische Umgangssprache der Bevölkerung zunehmend bei Lesen von Gebeten, Bibelstellen und einigen liturgischen Formeln benutzt und die Heilige Messe oft zweisprachig gestaltet. Der Religionsunterricht findet in Arabisch statt.

Die Liturgiesprache der Armenisch-Katholischen Kirche ist Armenisch. Die Kirchensprache der Assyrischen Kirche des Ostens ist das zum Aramäischen gehörende Syrisch. Die Verwendung moderner Sprachen im Gottesdienst ist umstritten. Die Syrisch-Orthodoxe Kirche von Antiochien verwendet die westsyrische Liturgie. Die kurdische Minderheit spricht Kurmandschi, Sorani und Südkurdisch. Verbreitetste kurdische Schriftsprache ist Sorani. Als Fremdsprache ist Englisch und in der Oberschicht Bagdads auch noch Französisch verbreitet.

Religionen

Muslime

Die Situation in der irakischen Hauptstadt nach dem Sturz Saddam Husseins im März 2003 ist komplex: das Entstehen neuer politischer Gruppen, das Wiedererwachen traditioneller religiöser Bewegungen und die Geburt neuer Formierungen, die Rückkehr im Exil lebender Religionsführer und der Einfluss der angrenzenden Länder ließen einen Rahmen entstehen, vor dessen Hintergrund politische und religiöse Instanzen sich oft überschneiden und in dessen Inneren jede Gruppe sich den eigenen Platz im zukünftigen Bagdad sichern möchte.

Buniya-Moschee 1973

Die gewachsenen Spannungen führten zu Terrorangriffen und Vertreibungen von Sunniten und Schiiten gegeneinander. Da die ethnischen Säuberungen weitgehend abgeschlossen sind, sank auch die Gewalt im Jahre 2007 zwischen den religiösen Gruppen. Ein Grund dafür ist, dass es kaum noch heterogene Stadtviertel gibt, so dass Anschläge eine aufwendigere Planung benötigen. Ein weiterer Grund für die zurückgegangene Gewalt sind die Sperrmauern der US-Armee, die Schiiten und Sunniten voneinander trennen.[26]

95 Prozent der Bevölkerung sind Muslime. In Bagdad gibt es dementsprechend viele Moscheen, die bekannteste darunter ist die Abu-Hanifa-Moschee. Vor der Invasion 2003 waren 65 Prozent der Muslime Sunniten und 35 Prozent Schiiten. Durch Vertreibungen der sunnitischen Bevölkerung sank deren Anteil bis 2007 auf 20 bis 25 Prozent, der Anteil der Schiiten stieg entsprechend auf 75 bis 80 Prozent.[27]

Christen

Während der Herrschaft von Saddam Hussein hatte die Religionsfreiheit einen verhältnismäßig hohen Stand; der Regierung in Bagdad gehörten auch christliche Minister wie der chaldäische Katholik Tariq Aziz an. Etwa die Hälfte der Christen im Irak lebt in Bagdad. Deren Anteil an der Gesamtbevölkerung lag bis März 2003 bei rund zehn Prozent, sank wegen der Krise im Irak bis 2006 auf etwa fünf Prozent.

Kirche in Bagdad im Juli 2006

Die politischen Spannungen zwischen Sunniten und Schiiten eröffneten den Christen keine sicheren Perspektiven. Seit dem Beginn des Krieges haben nach Angaben des Weihbischofs in Bagdad, Andreas Abouna, etwa 75 Prozent der christlichen Bevölkerung die Hauptstadt verlassen um im kurdischen Norden des Irak oder den Nachbarstaaten Türkei, Syrien und Jordanien Schutz zu suchen.

Das Patriarchat von Babylon mit Sitz in Bagdad ist die kirchliche Organisationsform der Chaldäisch-Katholischen Kirche. Es führt das altkirchliche Katholikat von Seleukia-Ktesiphon fort. Das Patriarchat von Babylon stellt mit etwa 63 Prozent die größte christliche Kirche im Irak dar.

Die Römisch-katholische Kirche der Region ist im Erzbistum Bagdad organisiert. Es wurde am 6. September 1632 zum Bistum und am 19. August 1848 zum immediaten Erzbistum erhoben. Die Erzeparchie Bagdad ist ein Erzbistum der mit der römisch-katholischen Kirche unierten armenisch-katholischen Kirche. Am 29. Juni 1954 gegründet, besitzt die Erzeparchie keine Suffragane.

Bagdad ist der historische Sitz des Patriarchen der Assyrischen Kirche des Ostens. Auch die Bischöfe der Syrisch-Orthodoxen Kirche von Antiochien, im hiesigen Gebiet vormals organisiert als „Maphrianat des Ostens", haben ihren Sitz in Bagdad. Ihre Angehörigen werden, besonders in der Diaspora, gerne Aramäer genannt.

Juden

Die jüdische Bevölkerung, die einst eine bedeutende wirtschaftliche, kulturelle und politische Rolle im öffentlichen Leben einnahm, hat den Irak fast vollständig verlassen. 1946 bis 1949 kam es wiederholt zu Ausschreitungen gegen Juden. Als die Regierung den Zionismus am 19. Juli 1948 zum Kapitalverbrechen erklärte, lebten im Land 135.000 Juden, davon in Bagdad 77.000 - ein Viertel der Gesamtbevölkerung.

Historisches Foto der Großen Synagoge von Bagdad

Am 3. März 1950 wurde der jüdischen Bevölkerung unter Aufgabe der irakischen Staatsbürgerschaft die Ausreise erlaubt. Ein Jahr später, am 10. März 1951, fror die Regierung das Eigentum der Emigranten ein und sperrte deren Bankkonten. Bis zu diesem Tag gehörte ihnen nahezu der gesamte Suq von Chordja, das Geschäftsviertel im Zentrum Bagdads. Die israelische Regierung unter David Ben Gurion nahm diese Aktion zum Anlass, die Operation „Esra und Nehemia" zu starten, wobei bis 1952 etwa 95 Prozent der irakischen Juden per Luftbrücke nach Israel überführt wurden.

Den 6.000 im Irak verbliebenen Juden wurden wirtschaftliche Beschränkungen auferlegt. 1958 wurde ihnen der Status als jüdische Gemeinde aberkannt und das Gemeindeeigentum beschlagnahmt. In den kommenden Jahrzehnten verließen auch die restlichen Juden das Land. 1968 lebten noch 2.500 Juden im Irak, 1976 waren es noch 400 und 2001 nur noch 100. Am 25. Juli 2003 wurden sechs der letzten 34 Juden aus Bagdad nach Israel ausgeflogen.[28]

Politik

Stadtregierung

Bagdad wird vom Stadtrat und dem Gouverneur des gleichnamigen Gouvernements regiert, der vom irakischen Präsidenten ernannt wird. Der Gouverneur ist gleichzeitig Bürgermeister der irakischen Hauptstadt. Der erste Stadtrat nach dem Einmarsch der US-Truppen wurde im Juli 2003, noch unter amerikanischer Anleitung, indirekt von allen Stadtbezirken gewählt. Das rein irakische Gremium hat 37 Ratsmitglieder.

Regierungsgebäude

Bürgermeister und Gouverneur von Bagdad ist seit 2005 Sabir al-Isawi. Sein Vorgänger im Amt, Ali al-Haidari, starb am 4. Januar 2005 bei einem Attentat. Auf Al Haidari war bereits im September 2004 ein Sprengstoffattentat unternommen worden, das er überlebte. Er war der ranghöchste Beamte in Bagdad, nachdem der ehemalige Präsident des Stadtrats, Abdel Sahraa Othman, im Mai 2004 ermordet worden war.[29]

Städtepartnerschaften

Bagdad unterhält mit folgenden Städten Partnerschaften:

- Amman, Jordanien
- Beirut, Libanon
- Kairo, Ägypten
- Rio de Janeiro, Brasilien

Kultur und Sehenswürdigkeiten

Musik und Theater

Bagdad spielt seit jeher eine wichtige Rolle im kulturellen Leben des Landes. Die Hauptstadt ist die Heimat von Schriftstellern, Musikern und bildenden Künstlern, sie zieht die begnadetsten Künstler klassischer und moderner Musik sowie Tanz- und Theaterkunst des ganzen Landes an.

Zu den wichtigsten kulturellen Institutionen gehört das 1959 gegründete Irakische Nationalorchester. Proben und Aufführungen waren während des Irakkriegs 2003 kurz unterbrochen, haben sich aber seitdem wieder normalisiert. Das 50köpfige Orchester besteht aus Musikern verschiedener Glaubensrichtungen, wie Schiiten, Sunniten und Christen.

Musik- und Theatergruppe in Bagdad um 1920

Seit 1880 reisten Theatertruppen aus Europa nach Bagdad um vor vornehmlich britischen Publikum zu spielen. Im 20. Jahrhundert begannen irakische Schriftsteller Theaterstücke zu schreiben. Die großen Theaterhäuser in Bagdad sind das Rasheed, das Mansour und das Volkstheater. Das Irakische Nationaltheater wurde während der Invasion geplündert, nach Renovierungsarbeiten konnte es wieder öffnen. In den Theaterhäusern der Stadt werden Stücke irakischer, indischer, türkischer, syrischer und ägyptischer Autoren aufgeführt. Auf den Spielplänen stehen aber auch die großen Dramen der Weltliteratur: Johann Wolfgang von Goethe, William Shakespeare, Bertolt Brecht, Jean Genet, Samuel Beckett, Albert Camus und Federico García Lorca.

Museen

Bedeutende Museen sind das nach längerer Umbauzeit im April 2000 wieder eröffnete Nationalmuseum und das einzige erhaltene Stadttor von Bagdad (heute ein Waffenmuseum).

Im Gefolge der Eroberung Bagdads durch die US-amerikanischen Streitkräfte im Irakkrieg 2003 wurden zahlreiche historisch wertvolle Kulturgüter der Stadt durch Kampfhandlungen oder Plünderungen vernichtet oder beschädigt; insbesondere wurde die Nationalbibliothek mit tausenden wertvoller alter Manuskripte durch einen Brand völlig zerstört und das Nationalmuseum geplündert. Die eintreffenden US-Truppen griffen nicht ein.

Ein Teil der zunächst vermissten und der geplünderten Kulturgüter kam seit dem Krieg wieder zum Vorschein. Die amerikanischen Behörden haben nach eigenen Angaben viele aus dem Nationalmuseum in Bagdad stammende Manuskripte und Kunstgegenstände sichergestellt. Andere Objekte waren von den irakischen Behörden in Kellern des Nationalmuseums verborgen oder in andere Gebäude ausgelagert worden (teilweise schon beim zweiten Golfkrieg) und überdauerten die Wirren.[30]

Bauwerke

Der Präsidentenpalast (2003)

Die Altstadt auf der linken Seite des Tigris wurde durch die Errichtung vieler Hochhäuser umgestaltet. Zu den wenigen erhalten gebliebenen Bauwerken gehören unter anderem die Ruine des Bab al-Wastani, der Abbasidenpalast (1179 erbaut), die Medrese Mustansirijah (1227) und Marjanmoschee (1356).

Die Abu-Hanifa-Moschee ist die bekannteste sunnitische Moschee in Bagdad. Sie wurde von den Osmanen während ihrer über vierhundert Jahre dauernden Herrschaft im Irak in der Nähe von Abu Hanifas Grab gebaut, einem der Begründer der Hanafitischen Rechtsschule. Die Al-Chadimijja-Moschee im nordwestlichen Teil der Stadt Bagdad gehört zu den wichtigsten schiitischen Heiligtümern des Landes. Die Moschee, um 1515 fertiggestellt, beherbergt die Gräber des siebenten und neunten Imams.

Bronzeskulpturen von Saddam Hussein auf dem Gelände des Republikanischen Palastes im September 2005

Das Haus der Weisheit neben dem Abbasidenpalast war eine Art Akademie, die im Jahr 825 von dem Abbasiden-Herrscher Al-Ma'mun gegründet wurde. Als Vorbild diente die wesentlich ältere Akademie von Gundishapur. Im Haus der Weisheit arbeiteten Menschen an wissenschaftlichen Übersetzungen vor allem aus dem Griechischen in die Arabische Sprache. Neben dem Übersetzungszentrum gehört zum Komplex auch ein Observatorium, eine Akademie und eine reichhaltige Bibliothek sowie ein Krankenhaus.

Grabmal des unbekannten Soldaten

Das höchste Bauwerk im Irak ist der Fernsehturm Bagdad. Er wurde 1994 in Stahlbetonbauweise errichtet und hieß ursprünglich Saddam International Tower. Vom Boden bis zur Antennenspitze misst der Turm 205 Meter (zum Dach 150 Meter).[31]

Das moderne Stadtzentrum, Karch, befindet sich auf der westlichen Seite des Tigris. Mehrere Brücken verbinden es mit dem historischen Stadtzentrum Rusafah, sie wurden nach der Bombardierung im Jahre 1991 wieder aufgebaut. In Karch liegen zwischen hohen Wohngebäuden die meisten Ministerien und der Hauptbahnhof.

Das hochgesicherte Regierungsviertel befindet sich in der sogenannten „Grünen Zone". Hier hatte seit März 2003 die Koalitions-Übergangsverwaltung ihren Sitz. Diese war das maßgebliche Instrument der Verwaltungsarbeit im nach dem Irakkrieg von Koalitionstruppen besetzten Irak. Am 28. Juli 2004 wurde die neugebildete Irakische Übergangsregierung mit der Wahrnehmung dieser Aufgaben betraut. In dem zehn Quadratkilometer großen Gebiet liegen abgeriegelt das irakische Parlament und mehrere Ministerien, die meisten Botschaften, Palastgebäude, Villen, Gärten, umgeben von Wällen und Barrikaden. Nahe dem Republikanischen Palast befinden sich drei zehn Meter hohe Bronzeskulpturen von Saddam Hussein. Ein Kilometer vom Informationsministerium entfernt steht das Raschid-Hotel, von wo aus der Nachrichtensender CNN am 17. Januar 1991 den Beginn des Ersten Golfkriegs meldete.

Denkmäler wie das Grabmal des unbekannten Soldaten und der Triumphbogen „Schwerter von Kadesia" in Form zweier gekreuzter Schwerter sind der Erinnerung an den Ersten Golfkrieg gewidmet. Der doppelte Triumphbogen trägt den Namen „Schwerter von Kadesia" (der Schlacht von Kadesia, als die Araber die Perser um 636 n. Chr. besiegten). Die 24 Tonnen schweren Klingen wurden aus eingeschmolzenen Gewehren und Panzern von getöteten irakischen Soldaten erbaut. Den Sockel zieren iranische Helme mit Einschusslöchern. Die Fäuste sind Repliken von

Saddam Husseins eigenen Händen.[32]

Einige Kilometer nördlich der irakischen Hauptstadt liegt die Vorstadt Kadhimain mit der Goldenen Moschee. Mit den Grabmälern des fünften und sechsten Imams der Schiiten wurde die Moschee ein bedeutender Wallfahrtsort.

Parks

Der Zoo in Bagdad war bis zur Invasion 2003 mit 650 bis 700 Tieren der größte Tierpark im Nahen Osten. Irakische Einheiten und US-amerikanische Truppen hatten sich auf dem Gelände schwere Gefechte geliefert. Die Bombardierungen der Alliierten und die Plünderungen durch die Bevölkerung überlebten nur 35 Tiere. Die Tiere wurden erschossen, gestohlen und verspeist, einige starben auch, da sie tagelang ohne Nahrung und Wasser blieben. Die Zoowärter waren mit Beginn der Luftangriffe geflohen und ließen die Tiere ohne Versorgung zurück.

Die Haifastraße überquert den Tigris im Zentrum Bagdads

Entlaufene Tiere wurden später wieder eingefangen oder auf dem örtlichen Markt zurückgekauft. Tierschützer und Militärs bauten den Zoo wieder auf. Hauptattraktionen sind neben den Löwen vor allem seltene Vogelarten, einige Adler, Eulen und Pfauen. Auch gibt es einen künstlichen See, wo Bootsfahrten unternommen werden können.[33]

Nicht weit vom Zoo entfernt liegt der Lunapark. Der Vergnügungspark besitzt ein kleines Riesenrad und Spielmöglichkeiten für Kinder. Beliebt bei der Bevölkerung ist auch der Park mit See im Stadtteil Jadrija, nahe der Universität Bagdad.

Sport

Fußball ist im Irak die beliebteste Sportart. Die erste irakische Liga erfreut sich großer Beliebtheit. Die Liga wurde 1948 eingeführt, zwischen 1949 und 1962 aber eingestellt. 1962 wurde der Spielbetrieb wieder aufgenommen. Allerdings nahmen bis 1973 nur Mannschaften aus Bagdad teil; erst ab 1973 war dies für Mannschaften aus dem ganzen Land möglich. Aufgrund des Irakkriegs wurde die Liga zwischen 2002 und 2004 ausgesetzt.

Bagdad ist die Heimat einiger der erfolgreichsten Fußballmannschaften im Irak. Erfolgreichster Hauptstadtklub ist mit elf Landesmeistertiteln Al-Zawraa. Die Mannschaft trägt ihre Heimspiele im Al-Zawraa-Stadion (Kapazität: 8.000 Zuschauer) aus. Die Heimspielstätte des siebenmaligen Landesmeisters Al-Quwa al-Dschawiya (Luftwaffe) ist das 1966 eröffnete Al-Shaab-Stadion. Es ist mit einer Kapazität für 45.000 Zuschauer das größte Stadion in Bagdad. Ein weiteres wesentlich größeres Stadion befindet sich noch in der Bauphase. Der fünfmalige Landesmeister Al-Talaba (Studenten) trägt seine Heimspiele im Al-Talaba-Stadion (Kapazität: 10.000 Zuschauer) aus. Heimspielstätte des zweimaligen Landesmeisters Al-Shorta (Polizei) ist das 7.000 Zuschauer fassende Al-Shorta-Stadion.

Die Stadt hat auch eine lange Tradition im Pferdesport. Schon kurz nach der Einnahme der Stadt durch die Briten 1917 fanden die ersten Pferderennen statt. Es gibt aber auch Berichte vom Druck durch Islamisten, diese Tradition wegen des damit verbundenen Glücksspiels zu beenden. Nebenbei sind auch andere Sportarten wie Gewichtheben, Kampfsport, Futsal, Basketball oder Schwimmen beliebt.

Gastronomie

Markt in Sadr City im Juli 2005

Spezialitäten der Küche von Bagdad sind unter anderem Khouzi, eine reduzierte Version des traditionellen arabischen Festmahls, des gefüllten Lamms und Masgoof, ein am offenen Feuer gegrillter Fisch. Obwohl es im Tigris viele verschiedene Arten von Süßwasserfischen gibt, ist der beliebteste Fisch für Masgoof der Shabboot, aber auch Booni und Theka werden gern gegessen.

Die Nahrungsgrundlage der Bevölkerung bilden Weizen (als Brotgetreide und vor allem in Form von Weizengrieß, Couscous oder Bulgur), Hirse, Datteln (das Brot der Wüste), diverse Gemüsesorten (oft gefüllt, als Schmorgericht oder milchsauer eingelegt) und Hülsenfrüchte. Ziegen, Schafe, Hühner, seltener Rinder und Kamele decken den Bedarf an tierischen Nahrungsmitteln. Daneben wirkten vor allem der Gewürzhandel und die islamischen Speisevorschriften prägend, auch wenn letztere für die religiösen Minoritäten nicht bindend sind.

In Bagdad entstanden schon früh spezialisierte Bereiche der Lebensmittelproduktion, die somit aus den Haushalten ausgelagert waren, etwa für Brot und Backwaren. Wobei das Brot (in vielerlei Formen) fester Bestandteil jeder Mahlzeit ist. Es wird fast immer in Stücke gebrochen statt es zu schneiden. Es dient auch zum Aufnehmen der Speisen oder als Grundlage für Süßspeisen, wie beispielsweise Om Ali, eine beliebte süße Mehlspeise mit verschiedenen Schichten aus Datteln, Pistazien und Rosinen.

Wirtschaft und Infrastruktur

Wirtschaft

Irakische Zentralbank, bewacht von US-Truppen im Juni 2003

Bagdad ist das industrielle Zentrum des Landes, in dem unter anderem Textil-, Holz-, Baustoff- und Nahrungsmittelindustrie sowie Ölraffination angesiedelt sind. Weiterhin haben die Iraq Stock Exchange, welche am 24. Juni 2004 eröffnet wurde, sowie die 1966 gegründete staatliche Erdölgesellschaft Iraq National Oil ihren Sitz in der irakischen Hauptstadt.

Die Landwirtschaft im Umland produziert hauptsächlich Datteln und Gemüse.

Nachdem 1972 alle ausländischen Erdölgesellschaften verstaatlicht wurden und die Ölkrise zu einem rasanten Anstieg der Erdölpreise führte, gab es ab Mitte der 1970er Jahre einen Wirtschaftsboom in Bagdad. Von dieser rasanten Entwicklung profitierte auch ein Großteil der Bevölkerung. Die beiden Golfkriege (1980–1988 und 1990/1991) sowie des UN-Embargos (1991–2003) fügten der Wirtschaft des Landes einen großen Schaden zu. Der Lebensstandard verschlechterte sich insbesondere aufgrund des Embargos in den 1990er Jahren drastisch.

Werbeplakate an einem Einkaufszentrum im April 2005

Probleme bereiten die unzureichende Infrastruktur und die außerordentlich große Wohnungsnot. Wegen der Zerstörungen im

Irakkrieg 2003 und der folgenden Kämpfe zwischen Schiiten und Sunniten, die sich gegenseitig aus ihren Häusern und Wohnungen vertrieben, verloren mehrere Hunderttausend Menschen ihr Zuhause.[34] Viele Obdachlose in Bagdad kommen aus dem Gouvernement Kirkuk, wo sie von zurückkehrenden Kurden aus ihren Häusern vertrieben wurden, wieder andere wurden obdachlos, weil sie kein Geld hatten, um die hohen Mieten zu bezahlen.[35]

In der Industrie, die sich in der Hauptstadtregion konzentriert, bestehen nur unzureichende Entsorgungs- und Reinigungskapazitäten für Abwasser, Abgas und Abfälle. Zu den zahlreichen Infektionserkrankungen, die durch unzureichende hygienische Bedingungen verbreitet werden, kommen so Atemwegs- und Hauterkrankungen aufgrund der giftigen Emissionen der zahlreichen Industriebetriebe und des Autoverkehrs.

Verkehr

Fernverkehr

Die irakische Hauptstadt ist Knotenpunkt aller Fernstraßen von Osten nach Westen und von Norden nach Süden. Die wichtigsten Strecken führen von Bagdad in nördliche Richtung nach Kirkuk, Arbil, Ninive und Zaxo; in westliche Richtung zur jordanischen Grenze; in östliche Richtung nach Chanaqin (iranische Grenze); und in südliche Richtung nach Hilla und Kerbela sowie nach Basra und Safwan (kuwaitische Grenze). Autobahnen verbinden Bagdad mit den Hauptstädten aller arabischen Nachbarländer. Die Stadt besitzt Autobahnanschluss nach Amman, Damaskus, Kuwait-Stadt und Riad. Es bestehen regelmäßige Busverbindungen zwischen Bagdad und den größeren Städten des Landes.

Flughafen Bagdad

Hauptbahnhof 1959

Bagdad ist Schnittpunkt der drei Haupteisenbahnlinien des Landes, die von der Iraqi Republic Railways, der Eisenbahn der Irakischen Republik, betrieben werden. Ein Teil des Schienennetzes ist im Moment aber außer Betrieb. Benutzt wird die Bahn überwiegend von der einkommensschwachen Bevölkerung. Die Verlässlichkeit der Eisenbahn ist derart niedrig, dass Ankunftszeiten gar nicht erst angegeben werden. Eine Reisedauer von über einem Tag von der irakischen Hauptstadt in die etwa 550 Kilometer entfernte südirakische Metropole Basra ist nicht unüblich.

Von den vier in Bagdad und Umgebung liegenden Flughäfen ist nur einer zivil. Der Flughafen Bagdad (bis 2003 *Saddam International Airport*) ist der größte Flughafen des Landes. Er wurde zwischen 1979 und 1982 von französischen Firmen gebaut. Bei voller Auslastung kann der Flughafen 7,5 Millionen Menschen befördern. Der Bagdad International Airport löste den Al-Muthanna-Airport ab, der seit den 1950er Jahren als Internationaler Flughafen fungierte. Zwischen 1991 und 2003 wurde er nur selten benutzt. Im April 2003 eroberten US-amerikanische Truppen den Flugplatz, seit 2004 finden wieder regelmäßige Flüge statt. Mit Iraqi Airways, der nationalen Fluggesellschaft des Irak, sind Flüge in einige Metropolen des Nahen Ostens möglich.

Nahverkehr

Statue von König Faisal I. am Ende der Haifastraße

Bis auf den Stadtkern wirkt das Straßennetz der Stadt überwiegend geplant. Nach der Invasion der US-Truppen hat die Zahl der PKW rasant zugenommen, was die Straßen Bagdads nicht nur überlastet, sondern auch äußerst gefährlich macht. Verstärkt wird dies durch den Mangel an öffentlichen Verkehrsmitteln.

In der Stadt existiert kein leistungsfähiges öffentliches Verkehrssystem mit hoher Kapazität, wie eine U-Bahn, Stadtbahn oder Straßenbahn, das die Straße entlasten würde. Der Öffentliche Personennahverkehr (ÖPNV) wird von dieselgetriebenen Linienbussen, privaten Minibussen und Sammeltaxis bewältigt, die sich die Fahrspuren mit dem Individualverkehr teilen.

Die erste Pferdestraßenbahn eröffnete 1871. Die vier Kilometer lange Strecke nach al-Kazimiyya war bis 1941 in Betrieb. Heute ist nicht einmal mehr die Trasse erkennbar.[36]

Die Regierung Saddam Husseins plante in den 1970er Jahren eine U-Bahn für Bagdad. Dazu wurde 1980 die Baghdad Rapid Transit Authority (BRTA) gegründet, die für Planung, Bau und schließlich auch für den Betrieb verantwortlich sein sollte. Vorgesehen waren drei Linien:

- Linie 1: Taura-Aadamijja, 18 Kilometer Länge mit 20 Bahnhöfen
- Linie 2: Mansour-Masba, 13 Kilometer mit 17 Bahnhöfen
- Linie 3: Im Norden der irakischen Hauptstadt

Die erste Strecke, von der sechs Kilometer mit sieben Bahnhöfen im Bau waren, sollte ursprünglich in vier Etappen 1987 und 1988 eröffnet werden. Wegen wirtschaftlicher Probleme nach dem Zweiten Golfkrieg 1991 wurde das Projekt nicht verwirklicht.[37] 2009 rief die Stadtregierung ausländische Firmen dazu auf, sich um den Bau der Bagdader Metro zu bewerben. Eine baldige Verwirklichung des Projekts gilt jedoch aufgrund der hohen Kosten als unwahrscheinlich.[38]

Medien

US-Kampfhubschrauber vom Typ Bell OH-58 Kiowa, im Hintergrund der Fernsehturm Bagdad

Im Irak herrscht seit dem Sturz von Saddam Hussein 2003 eine große Vielfalt an Medien. Die neue irakische Verfassung garantiert zwar die Pressefreiheit, in der von Reporter ohne Grenzen veröffentlichten Rangliste zur Pressefreiheit belegt das Land allerdings den 145. Platz.[39] Generell ist zu sagen, dass in Bagdad zwischen zwei Arten von Medien unterschieden werden muss: Den Parteienkontrollierten und den Unabhängigen. Jede größere Partei hat ihr Zentralorgan, nicht wenige unterhalten auch Fernsehsender.

Die wichtigsten in Bagdad erscheinenden Zeitungen sind al-Sabaah, al-Mada, al-Mashriq und al-Dustur sowie die islamistische al-Mudschahed, al-Schahed, Thaura Islamiyya. In Bagdad gibt es eine unüberschaubare Vielzahl von Radiosendern. Die größten Radiostationen mit Sitz in der Hauptstadt sind Republic of Iraq Radio (Nachfolger des Iraq Media Network-Radio Baghdad und von der CPA gegründet), die Voice of Iraq (ein Privatsender auf Mittelwelle) und Radio Dijla (ein privater Talk- und Musiksender auf UKW).

Das irakische Fernsehen begann 1956 in Bagdad zu senden. In den 1990er-Jahren gab es nur drei Fernsehsender: Iraq-TV, Al-Shabab TV (Eigentum von Udai Hussein) und Iraq Satellite TV. Satellitenschüsseln waren strengstens verboten. Ab 2003 entstand eine Vielzahl von Fernsehsendern und auch Sender wie al-Dschasira und al-Arabiya sind sehr beliebt. Einige der Sender mit Sitz in Bagdad sind: al-Iraqia (staatliches irakisches Fernsehen), Al-Sharqiya (privat), al-Hurra (US-Koalitionssender), al-Baghdadia (privat), al-Sumeria (privat), Al-Anbar (Sender der SCIRI) und al-Moktadia (islamistisch).

Seit 2003 hat sich die Anzahl der Internetanschlüsse rasant erhöht. Auch viele politische Parteien verfügen über eigene Websites. Momentan üben Internetveröffentlichungen aber noch keinen Einfluss auf die Masse aus, das Medium wird fast ausschließlich zur Kommunikation genutzt. Die Jugendlichen benutzen häufig die in den diversen Jugendzentren zur Verfügung gestellten Computer. In Bagdad sind auch Breitband-Internetzugänge sowie Funknetzverbindungen verfügbar.

Bildung

Die irakischen Städte und vor allem Bagdad besitzen ein gut ausgebautes Bildungssystem. Die Schulbildung ist gratis, dennoch ist die Analphabetenrate hoch. Bagdad beheimatet drei der sechs Universitäten des Landes, die Universität Bagdad, die Al-Mustansiriyya-Universität und die Technische Universität Bagdad.

Blick auf einen Teil der Al-Mustansiriyya-Universität

Die al-Mustansiriyya-Universität wurde im Jahre 1233 als eine islamische Hochschule gebaut und ist eine der wichtigsten Bildungsinstitutionen im Irak und Nahen Osten. Sie ist seit 1962 Teil der sechs Universitäten in Bagdad. Gelehrt wird primär Recht und Literatur.

Die Universität Bagdad wurde 1962 nach Plänen von Walter Gropius fertig gestellt. Es sollte eine neue Universität für Wissenschaftler, Ingenieure und freie Künste mit insgesamt 6.800 Studenten entstehen. Der Campus wurde 1982 erweitert, um danach 20.000 Studenten aufnehmen und unterbringen zu können. Die Architekten Hisham N. Ashkouri und Robert Owen entwickelten die komplette akademische Platzorganisation für den ganzen Campus.

Die Nationalbibliothek von Bagdad wurde im Irakkrieg am 14. April 2003 ein Opfer der Flammen. Dabei wurden jahrhundertealte Manuskripte und andere historische Dokumente aus der Zeit des Osmanischen Reiches vernichtet.

Söhne und Töchter der Stadt

Bagdad ist Geburtsort zahlreicher prominenter Persönlichkeiten.

Sonstiges

Bagdad ist der Schauplatz zahlreicher Geschichten in Tausendundeine Nacht (zum Beispiel *Aladin, Ali Baba und die 40 Räuber*). Die erste Verfilmung des Märchens aus Tausendundeine Nacht ist „Der Dieb von Bagdad“ von Raoul Walsh, ein US-amerikanischer Stummfilm aus dem Jahre 1924.

Siehe auch

- Liste islamischer Kunstzentren
- Zur Geschichte, Stadtgründung und Blütezeit: Haus der Weisheit
- Liste der Städte im Irak
- Umm-al-Qura-Moschee

Literatur

- Matthew Bogdanos mit William Patrick: *Die Diebe von Bagdad. Raub und Rettung der ältesten Kulturschätze der Welt.* Aus dem Amerikanischen von Helmut Dierlamm (Originalausgabe: Thieves of Baghdad, Bloomsbury Publishing, New York 2005), Deutsche Verlags-Anstalt, München 2006, ISBN 3-421-04201-2
- Jean-Louis Dufour: *Les crises internationales: De Pékin (1900) à Bagdad (2004)*, ISBN 2-8048-0022-9
- Stephan Kloss: *Mein Bagdad-Tagebuch. Als Kriegsreporter im Brennpunkt Irak.* Fischer Taschenbuch, Frankfurt 2003, ISBN 3-596-16142-8
- Jacob Lassner: *The Caliph's personal Domain. The City Plan of Baghdad Re-Examined.* IN: Hourani/Stern (Hrsg.): The Islamic City. Oxford 1970.
- Jacob Lassner: *The Topography of Baghdad in the Early Middle Ages. Text and Studies*, Detroit 1970.
- Christoph Reuter, Susanne Fischer: *Café Bagdad. Der ungeheure Alltag im neuen Irak.* Goldmann, München 2006, ISBN 3-442-15385-9
- Karin Rührdanz: *Das alte Bagdad - Hauptstadt der Kalifen*, Leipzig 1991. ISBN 3-332-00503-0
- Vincenzo Strika und Jabir Khalil: *The islamic Architecture of Baghdad. The Results of a Joint Italian – Iraqi Survey*, Napoli 1987.
- Jean Benjamin Sleiman : *Dans le piège irakien: Le cri du cœur de l'archevêque de Bagdad* , ISBN 2-7509-0240-1
- Mona Yahia: *Durch Bagdad fließt ein dunkler Strom*, München 2004. ISBN 3-423-20715-9

Einzelnachweise

[1] http://toolserver.org/~geohack/geohack.php?pagename=Bagdad&language=de¶ms=33.3333333333_N_44.3833333333_E_region:IQ-BG_type:city(5402000)

[2] World Gazetteer: Bevölkerungszahlen der Stadt (http://bevoelkerungsstatistik.de/wg.php?x=1200617145&men=gpro&lng=de&dat=80&geo=-105&srt=npan&col=aohdq&msz=1500&pt=c&va=&geo=444010444)

[3] A Concise Pahlavi Dictionary. MacKenzie. Routledge Publications 2000

[4] World Gazetteer: Bevölkerungszahlen im Ballungsraum (http://bevoelkerungsstatistik.de/wg.php?x=1200525888&men=gpro&lng=de&dat=80&geo=444010444&srt=npan&col=aohdq&msz=1500&geo=-1049336)

[5] Humanitarianinfo.org: Baghdad - Districts and Neighbourhoods (http://www.humanitarianinfo.org/iraq/maps/280a A4 Baghdad districts neighbourh 300dpi.pdf)

[6] Stadtklima.de: Mean climatic data Bagdad (http://www.stadtklima.de/cities/asia/iq/bagdad/bagdad.htm)

[7] Stadtklima.de: Mean climatic data Bagdad (http://www.stadtklima.de/cities/asia/iq/bagdad/bagdad.htm)

[8] M. J. L. Young, John Derek Latham, Robert Bertram Serjeant (Herausgeber): *Religion, learning, and science in the 'Abbasid period*, Seite 293. ISBN 0-5213-2763-6 (http://books.google.com/books?id=C4imL0Gb-8YC&pg=PA293&dq=Bagdad+founded+"July+762"&hl=de&ei=sRUzTpvBM4Oy8QPDlsWqCA&sa=X&oi=book_result&ct=result&resnum=6&ved=0CEAQ6AEwBQ#v=onepage&q&f=false) (englisch), abgefragt am 29. Juli 2011

[9] Harpers.org: The proclamation of Baghdad 1917 (http://www.harpers.org/archive/2003/05/0079593)

[10] Zvi Yehuda Shmuel Moreh (ed.): *Al-Farhud. The 1941 Pogrom in Iraq.* Jerusalem 2010.

[11] UNHCR: Hintergrundinformation zur Gefährdung von Angehörigen religiöser Minderheiten im Irak (April 2005) (http://www.unhcr.de/uploads/media/500.pdf?PHPSESSID=0dbc716b4c69cc1adafcc44f790baa1c)

[12] Hagalil.com: Irakische Juden: Bei uns in Bagdad (http://www.hagalil.com/archiv/2004/06/austausch.htm)

[13] Süddeutsche Zeitung: USA bitten UN um Hilfe (http://www.sueddeutsche.de/ausland/artikel/641/16625/), vom 21. August 2003

[14] Der Spiegel: Viele Tote bei Anschlag, Angriffe auf US-Soldaten (http://www.spiegel.de/politik/ausland/0,1518,433858,00.html), vom 28. August 2006

[15] Der Spiegel: Bombenanschlag im irakischen Parlament (http://www.spiegel.de/politik/ausland/0,1518,476831,00.html), vom 12. April 2007

[16] Die Welt: Mehr als 230 Tote bei Anschlagsserie im Irak (http://www.welt.de/politik/article818931/Mehr_als_230_Tote_bei_Anschlagsserie_im_Irak.html), vom 18. April 2007

[17] Frankfurter Rundschau: Brutaler US-Angriff auf Journalisten (http://www.fr-online.de/top_news/2507388_Video-weckt-Zweifel-an-Gefecht-Journalisten-Opfer-eines-US-Angriffs.html), vom 5. April 2010

[18] Iraq Body Count: Die Opfer im Irak-Krieg (http://www.iraqbodycount.org/)

[19] Der Spiegel: Großer Graben soll Bagdad befrieden (http://www.spiegel.de/politik/ausland/0,1518,437420,00.html), vom 17. September 2006

[20] iCasualties: Operation Iraqi Freedom (http://www.icasualties.org/Iraq/Index.aspx)

[21] Deutsche Welle: Iraks Regierung reißt Schutzwälle in Bagdad ein (http://www.dw-world.de/dw/function/0,,12356_cid_4545269,00.html?maca=de-aa-news-855-rdf), vom 6. August 2009

[22] Focus: US-Truppenabzug - Städte wieder in irakischer Hand (http://www.focus.de/politik/ausland/us-truppenabzug-staedte-wieder-in-irakischer-hand_aid_412790.html), vom 30. Juni 2009

[23] Der Standard: Anschläge am Sonntag - Opferzahl auf 155 gestiegen (http://derstandard.at/fs/1256255818482/Anschlaege-am-Sonntag-Opferzahl-auf-155-gestiegen?_seite=4&sap=2), vom 27. Oktober 2009

[24] Der Spiegel: Mehr als 120 Tote bei Anschlagserie in Bagdad (http://www.spiegel.de/politik/ausland/0,1518,665819,00.html), vom 8. Dezember 2009

[25] Der Stern: *50 Tote durch Bombe vor Botschaften in Bagdad* (http://www.stern.de/politik/ausland/irak-50-tote-durch-bombe-vor-botschaften-in-bagdad-1555968.html), vom 4. April 2010

[26] Die Zeit: Fortschritte in Bagdad? (http://www.zeit.de/online/2007/49/irak-kommentar?page=all), vom 3. Dezember 2007

[27] ZNet: Petraeus und Crocker vor dem Kongress: Militärstrategie Hoffnung (http://zmag.de/artikel/petraeus-und-crocker-vor-dem-kongress/?searchterm=Irak 2007), vom 12. September 2007

[28] Zionismus.info: Zur Lage der Juden in einzelnen arabischen Staaten (http://www.zionismus.info/antizionismus/arabisch-7.htm)

[29] Tagesschau: Gouverneur von Bagdad erschossen (nicht mehr online verfügbar), vom 5. Januar 2005

[30] FAZ: Zehntausende irakische Kulturgüter sichergestellt (http://www.faz.net/s/RubCC21B04EE95145B3AC877C874FB1B611/Doc~E63A08E3964F144DA9DCF6F29911A2E53~ATpl~Ecommon~Scontent.html), vom 8. Mai 2003

[31] Skyscraperpage.com: Fernsehturm Bagdad (http://skyscraperpage.com/cities/?buildingID=2156)

[32] Heise.de: Der Daumen der Macht (http://www.heise.de/tp/r4/artikel/22/22216/1.html), vom 13. März 2006

[33] Umweltjournal.de: Tierschutzorganisation VIER PFOTEN retten Tiere vor dem Hungertod (http://www.umweltjournal.de/fp/archiv/AFA_umweltnatur/4661.php), vom 9. Mai 2003

[34] Die Tageszeitung: Friedenszeichen im Irak - Bagdad fängt von vorne an (http://www.taz.de/1/politik/nahost/artikel/1/bagdad-faengt-von-vorne-an/?src=SZ&cHash=b3cc495a6f), vom 8. Januar 2008

[35] Universität Kassel: Spirale der Gewalt (http://www.uni-kassel.de/fb5/frieden/regionen/Irak/leukefeld26.html), vom 29. September 2006

[36] Tram views of Asia: Straßenbahn Bagdad (http://www.tramz.com/tva/iq.html)

[37] Clara.co.uk: Trams and metros in Iraq (http://www.ajg41.clara.co.uk/iraq/metros.html)

[38] Radio Free Europe: Baghdad Invited Bids To Build Metro (http://www.rferl.org/content/Baghdad_Invited_Bids_To_Build_Metro/1749584.html)

[39] Reporter ohne Grenzen: Rangliste der Pressefreiheit 2009 (http://www.reporter-ohne-grenzen.de/ranglisten/rangliste-2009.html)

Weblinks

- Links zum Thema Baghdad (englisch) (http://www.dmoz.org/Regional/Middle_East/Iraq/Localities/Baghdad/) im Open Directory Project
- Goethe-Institut Dialogpunkt Deutsch - Bagdad (http://www.goethe.de/ins/eg/prj/dia/bag/deindex.htm)
- Interaktiver Stadtplan Bagdad (http://www.hot-maps.de/middle_east/irak/baghdad/homede.html)
- Referenzkarte von Bagdad 1:40.000 der National Geospatail-Intelligence Agency (http://www.nima.mil/NGASiteContent/StaticFiles/OCR/baghdad2.zip)

rue:Баґдад

Kassiten

Die **Kassiten** (akkadisch **kaššū**) waren ein Volk im alten Mesopotamien. Nach dem hethitischen Überfall auf Babylon 1595 (oder 1531) v. Chr. erlangten sie um 1475 v. Chr. die Herrschaft in Babylonien, das sie bis zur Eroberung durch die Elamiter im Jahr 1155 v. Chr., also für einen Zeitraum von 400 bis 500 Jahren, beherrschten. Nach der Babylonischen Königsliste A herrschten sie 576 Jahre. Ihre Macht in Babylonien dauerte somit länger als die jeder anderen Dynastie.

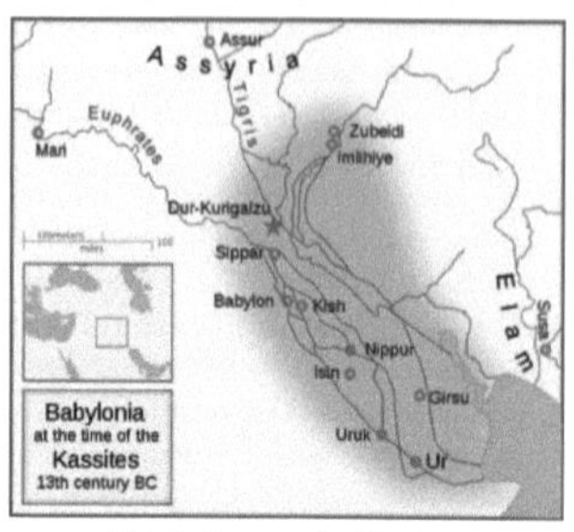

Babylonien unter den Kassiten

Quellen

Nach Brinkman sind aus dieser Zeit ca. 12.000 Dokumente erhalten, die zum Großteil unpubliziert sind.

Ursprung

Die Heimat der Kassiten wird meist im Zagros gesucht. So siedelt sie Wilhelm Eilers in nördlichen Luristan an und will den Kasgan-Rud, einen Nebenfluss des Saimarre als "Kassitenfluss" deuten[1] . W. Sommerfeld nimmt ebenfalls eine Herkunft im Zagros an[2] . Levine vermutet die Kassiten am östlichen Ufer des kleinen Zab. Julian Reade lokalisiert Namri (Namar), das Land der Kassiten (*mat kaššî*), dagegen westlich von Kermanschah. Archäologische oder epigraphische Belege fehlen, allerdings waren in neu-assyrischer Zeit *kaššū* im Zagros ansässig.

Der kassitische Stamm der Khabira siedelte wohl in der babylonischen Ebene, andere Stämme in den Bergen nordwestlich von Elam und auch südlich von Holwan, als sie 702 v. Chr. von Sanherib angegriffen wurden.

Der älteste schriftliche Nachweis von Kassiten stammt aus der Schicht VII in Alalach[3] . Ein Brief, vielleicht aus der Zeit des altbabylonischen Königs Samsu-iluma wird ebenfalls als Beleg für die Anwesenheiten von Kassiten genutzt, da er die "Häuser des Agum", eines *bukašum*, erwähnt, wo die Abgesandten des Königs von Halaba, vielleicht Aleppo erfolglos eine Eskorte erbaten. Agum ist der Name mehrerer kassitischer Herrscher, und die Kassiten waren in Häusern organisiert[4] . Seit der Zeit von Samsu-iluma werden kaššū in Texten aus Sippar, Dilbat und Jahrurum-šaplūm erwähnt. Ein Jahresname des Abi-Ešuh erwähnt, vielleicht in seinem dritten Regierungsjahr eine Schlacht gegen ein kassitisches Heer (ERIN$_2$Ka-aš-šu-u$_2$[5] .

Geschichte

Die Kassiten werden zum ersten Mal im 9. Regierungsjahr des Šamšu-iluna (1. Dynastie von Babylon, 1741 v. Chr. nach der mittleren Chronologie) als Landarbeiter in Sippar erwähnt. Sie lebten dort in eigenen Stadtvierteln und waren nach patriarchalischen "Häusern" organisiert[6] Nach Brinkman [7] sind Kassiten gegen Ende der altbabylonischen Epoche auch am mittleren Euphrat, in Ḫana, Terqa und Alalach belegt. Die Anwesenheit in Terqa und Hana stützt sich allerdings allein auf den Namen des Herrschers Kaštiliašu, den andere für einen Amurriter halten[8] . Eine weitere Erwähnung von Kassiten findet sich in Nuzi.

Vermutlich kam es sowohl zu einem sozialen Aufstieg der Migranten - drei Generationen später werden Kassiten als Verwaltungsbeamte erwähnt und sie hatten das Recht, Land zu erwerben[9] - als auch zur Zuwanderung einer aristokratischen Oberschicht und deren Gefolge. Die Kassiten zeichneten sich nun besonders durch Kenntnisse der Pferdezucht und des Wagenbaus aus. Agum wurde der erste kassitische König von Babylon. Die königliche Dynastie führte ihre Abstammung auf den Kriegsgott Šuqamuna zurück. Kulturell passten sie sich schnell an die Kultur Babyloniens an, die Könige trugen aber weiterhin kassitische Namen.

In kassitischer Zeit gehörte ein beträchtlicher Teil des Landes dem König sowie den Tempeln[10] . Land konnte jedoch an Einzelpersonen verschenkt werden, das oft durch einen kudurru, eine in Stein gemeißelte Besitzurkunde bezeugt wurde. Auch Abgaben an oder Arbeitsleistungen für die Krone konnten auf Dauer erlassen werden. Es wird angenommen, dass solche Schenkungen erblich waren.[11] Im Laufe der Zeit müssen die kassitischen Könige durch diese Schenkungen beträchtliche Ländereien und Steuereinnahmen eingebüßt haben. Die Tempel hatten eine eigenständige Organisation der Arbeitskräfte, hatten aber Steuern an den König abzuführen. Die Bewässerung unterstand königlicher Kontrolle, Briefe der Stadtfürsten an den König unterrichten ihn von Problemen[12] . Städte wurden durch einen GÚ.EN.NA verwaltet, Dörfer durch einen *ḫazannu*[10] .

Sprache

Siehe Hauptartikel Kassitische Sprache

Es ist kein einziger kassitischer Text überliefert. Die Sprache ist nur aus Personennamen und einigen Appelativen aus lexikalischen Listen bekannt[13] , vor allem eine Liste kassitischer Namen mit ihren akkadischen Entsprechungen und einigen technischen Begriffen. Außerdem fanden einige Götter Eingang in den babylonischen Pantheon. Der Grund, warum so wenig von der kassitischen Sprache überdauerte, liegt darin, dass die Verwaltungssprache der Zeit Akkadisch war.

Das Kassitische war eine agglutinierende Sprache. Entgegen alten Hypothesen ist das Kassitische also keine indogermanische Sprache. Die Theorie G. Hüsings, das Kassitische sei mit dem Elamischen verwandt, lässt sich heute nicht mehr halten. Nach heutigen Kenntnisstand muss das Kassitische als isolierte Sprache gelten.

Einige hundert kassitische Wörter fanden Eingang in die akkadische Sprache. Mehr als zehn Prozent davon sind Götternamen.

Religion

Wichtigste Götter waren Šumalija und der Kriegsgott Šuqamuna, denen Kurigalzu I. in Babylon einen gewaltigen Tempel weihte. Šuqamuna galt nach einer Inschrift des Agum kakrime als Ahnherr des kassitischen Königshauses.

Kultur

Der Beitrag der Kassiten zu der babylonischen Kultur wird immer noch diskutiert.

Nachleben

Es gab immer wieder Versuche, die kaššū mit Stämmen aus klassischen Quellen zu identfifizieren. Delitzsch schlug als erster die Gleichsetzung der *Κοσσαιοι* (*Kossaioi*), Kossäer, nach Strabon (Geographie, 11.13.6) die Nachbarn der Meder, mit den Kassiten vor[14] . Nach Polybios (Hist. 5.44.7) lebten sie in den Tälern des Zagros. Lehmann-Haupt (1898, 212) betont: "Es ist dies nur ein einzelner Fall der allgemeinen Erscheinung, dass ein schriftlich neu zu fixirender Fremdname einem anklingenden bekannten Fremdnamen einfach gleichgesetzt wird." Lehmann-Haupt[15] , Theodor Nöldeke und Jules Oppert[16] glaubten dagegen, dass die Kassiten die *Kissianer* der griechischen Autoren wie Aeschylus und Herodot waren, die in der Susania siedelten. Auch Brinton wollte Herodots Kissia und die Kossäer mit den Kassiten in Verbindung bringen.

Hugo Winckler[17] und Georg Hüsing[18] wollte die Kassiten mit den Elamiten und Medern identifizieren, eine These, die linguistisch nicht zu halten ist[19] .

Herrscher der Kassiten

Siehe **Kassitenherrscher**

Einzelnachweise

[1] W. Eilers, Geographische Namengebung in und um Iran (München, Beck 1982), 37

[2] W. Sommerfeld, The Kassites of Ancient Mesopotamia: Origins, Politics, and Culture. In: J. M. Sasson (Hrsg.), Civilizations of the Ancient Near East Bd. 2 (New York, 1995), 917

[3] W. de Smet, Kashshu in Old-Babylonian Documents. Akkadica 68, 1990, 11

[4] Amanda H. Podany, The Land of Ḫana. Kings, chronology and scribal tradition. Bethesda, CDL-Press 2002, 49

[5] Amanda H. Podany, The Land of Ḫana. Kings, chronology and scribal tradition. Bethesda, CDL-Press 2002, 50

[6] Marlies Heinz, Vorderasiatische Altertumskunde. Tübingen, Günter Narr 2009, 178

[7] J. A. Brinkman: Stichwort *Kassiten (Kaššû)*; in: Reallexikon der Assyriologie

[8] G. Buccellati, Terqa, an introduction to the site. 1983

[9] Marlies Heinz, Vorderasiatische Altertumskunde. Tübingen, Günter Narr 2009, 180

[10] Robert D. Biggs, A Letter from Kassite Nippur. Journal of Cuneiform Studies 19/4, 1965, 95

[11] Kathryn E. Slanski: *Classification, historiography and monumental Authority*. S. 99.

[12] Robert D. Biggs, A Letter from Kassite Nippur. Journal of Cuneiform Studies 19/4, 1965, 97

[13] Ran Zadok, The Ethno-Linguistic Character of Northwestern Iran and Kurdistan in the Neo-Assyrian Period. Iran 40, 2002, 90

[14] Friedrich Delitzsch: Die Sprache der Kossäer: Linguistisch-historische Funde und Fragen; Leipzig 1884

[15] Zeitschrift für Assyrologie VII, 328ff; Zwei Hauptprobleme der altorientalischen Chronologie und ihre Lösung, Leipzig, Pfeiffer 1898, S. 211f., (http://www.archive.org/details/zweihauptproble00lehmgoog)

[16] Zeitschrift für Assyrologie III 421ff., V 106f.

[17] H. Winckler, Geschichte Babyloniens, 78

[18] Der Zagros und seine Völker: Eine archäologische-ethnographische Skizze, Der Alte Orient, 9,3-4 (Leipzig 1908), 23

[19] Daniel T. Potts, Elamites and Kassites in the Persian Gulf. Journal Near Eastern Studies 65/2, 2006, 114

Literatur

- Michael C. Astour: *The Name of the Ninth Kassite Ruler*; in: Journal of the American Oriental Society 106/2 (1986), S. 327–331
- F. Baffi Guardata, R. Dolce: *Archeologia della Mesopotamia. L'età cassita e medioassiria*; Rom: Bretschneider, 1990; ISBN 88-7689-037-8.
- K. Balkan, Kassitenstudien 1: Die Sprache der Kassiten (New Haven 1954).
- J. A. Brinkman: *Materials and Studies for Kassite History*, Bd. 1; Chicago: Oriental Institute: 1976
- J. A. Brinkman: Stichwort *Kassiten (Kaššû)*; in: Reallexikon Assyriologie
- Daniel G. Brinton, The Protohistoric Ethnography of Western Asia. Proceedings of the American Philosophical Society 34/147, 1895, 71-102.
- Franz Delitzsch: *Die Sprache der Kossäer: Linguistisch-historische Funde und Fragen*; Leipzig 1884
- W. Eilers: *Geographische Namengebung in und um Iran*; München 1982.
- Marlies Heinz: *Migration und Assimilation im 2. Jt. v. Chr.: Die Kassiten*. In: Karin Bartl, Reinhard Bernbeck, Marlies Heinz (Hrsg.), Zwischen Euphrat und Indus: Aktuelle Forschungsproblem in der vorderasiatischen Archaologie. Hildesheim: Georg Olms Verlag, 1995, 165-175.
- M. Hölscher, Die Personennamen der kassitenzeitlichen Texte aus Nippur. Imgula 1, Münster 1996.
- G. Hüsing: *Der Zagros und seine Völker: Eine archäologische-ethnographische Skizze*; Leipzig 1908.
- K. Jaritz, Quellen zur Geschichte der Kassu-Dynastie. MIO 6, 225ff.
- D. T. Potts: Elamites and Kassites in the Persian Gulf. JNES 65/2, 2006.
- J. E. Reade, Kassites and Iranians in Iran. Iran 16, 1978, 137-43.
- W. Sommerfeld: *The Kassites of ancient Mesopotamia: origins, politics, and culture*; in J. M. Sasson (Hrsg.): *Civilizations of the ancient Near East, Bd. 2*; New York, 1995.
- C. B. F. Walker: *Babylonian Chronicle 25: A Chronicle of the Kassite and Isin Dynasties*; in G. van Driel et al. (Hrsg.): *Zikir Šumim: Assyriological Studies Presented to F. R. Kraus on the occasion of his Seventieth Birthday*;

1982.
- Hugo Winckler, Geschichte Babyloniens und Assyriens. Völker und Staaten des alten Orients 1. Leipzig, E. Pfeiffer 1892.

Weblinks

- Ägyptologieforum – Kassiten (http://www.aegyptologie.com/forum/cgi-bin/YaBB/YaBB.pl?action=lexikond&id=031030182303)

Kuri-galzu_I.

Kuri-galzu I. (auch: **Kurigalzu I.**), Sohn des Kadaschman-Harbe war ein König von Babylonien aus der kassitischen (Kaššu) Dynastie, der um 1390 v. Chr. regierte.

Titel

Er nannte sich „König der Gesamtheit" (*šar kissati*) und stellte seinem Namen, wie die Könige der 3. Dynastie von Ur, das Determinativ DINGIR (Gott) vor. In einer Weiheinschrift an Enlil, den "Herrn der Länder" nennt sich Kurigalzu "guter Hirte" [1]

Bauten

In Babylon weihte er Šumalija und Šuqamuna, den Staatsgöttern des Kassitenreiches einen gewaltigen Tempel. Er baute auch Tempel für Anu und Ištar[2] . In Ur restaurierte er das É-dublamaḫ (Haus der erhöhten Türschwelle), ein Tor, an dem Gerichtsverhandlungen stattfanden[3] .

Kurigalzu galt auch als der Gründer von Dur-Kurigalzu (um 1400).

Regierung

Kurigalzu unterhielt nach einem Brief von Burna-Buriaš II. (EA 9, 19-36) gute Beziehungen zu Ägypten. Danach baten ihn die Kanaanäer um Unterstützung bei einer Rebellion gegen Ägypten. Er habe jedoch geantwortet: "Wenn ihr gegen den König von Ägypten, meinen Bruder, feindselig werdet und mit einem andern ein Bündnis eingeht, dann sollte ich nicht gehen und euch plündern?" (EA 9, 26-28).

Eine Verwandte[4] , möglicherweise seine Schwester, war mit dem elamitischen König Paḫir-Iššan verheiratet, deren Tochter heiratete wiederum den König Humban-numena[5] .

Literatur

- Helena Cassin: *Babylonien unter den Kassiten und das mittlere assyrische Reich. Fischer Weltgeschichte, Alter Orient II.* Fischer Verlag, Frankfurt.
- Betina Faist, Der Fernhandel des assyrischen Reiches zwischen dem 14. und dem 11. Jahrhundert vor Christus. AOAT 265, Münster, Ugarit Verlag 2001.
- Jan van Dijk: *Die dynastischen Heiraten zwischen Kassiten und Elamern: eine verhängnisvolle Politik.* In: *Orientalia.* Bd. 55, 1986, S. 159-170.

Einzelnachweise

[1] Peter Stein, die Mittel- und Neu-babylonischen Königsinschriften bis zum Ende der Assyrerherrschaft. Mainz 2000, 133

[2] B. R. Foster: *Before the Muses. An anthology of Akkadian literature*. Bethesda 1993.

[3] Marlies Heinz, Vorderasiatische Altertumskunde. Tübingen, Günter Narr 2009, 180

[4] In VAT 17020 Zeile 4f. (http://www.cdli.ucla.edu/dl/lineart/P347210_l.jpg) ist von der Heirat mit einer weiblichen Verwandten Kurigalzus die Rede, meist wird hier die Schwester oder Tochter Kurigalzus angenommen, vgl. François Vallat: *L'hommage de l'élamite Untash-Napirisha au Cassite Burnaburiash*. In: *Akkakdica*. Bd. 114-115, 1999, S. 112.

[5] D. T. Potts, Elamites and Kassites in the Persian Gulf. Journal of Near Eastern Studies 65/2, 2006, 117

Irakisches_Nationalmuseum

Das **Irakische Nationalmuseum** (arabisch المتحف العراقي, DMG *al-matḥaf al-ʿirāqī*) ist ein Museum in Bagdad. Es zeigt unschätzbare Fundstücke der Kultur Mesopotamiens. Gegründet wurde das Museum von der britischen Forschungsreisenden Gertrude Bell und kurz vor ihrem Tod 1926 eröffnet als das **Archäologische Museum Bagdad**. Nach dem zweiten Golfkrieg blieb das Museum bis 2000 geschlossen. Der ehemalige Generaldirektor Donny George Youkhanna floh 2006 in die Vereinigten Staaten.[1]

Irakisches Nationalmuseum

Am 23. Februar 2009 öffnete der irakische Premierminister Al-Maliki das Museum für einen Tag. Das Museum wurde mit internationaler Unterstützung erneuert und erweitert.

Sammlungen

Wegen der archäologischen Reichtümer Mesopotamiens zählen die Sammlungen des Museums zu den wichtigsten weltweit; es umfasst wichtige Kunstgegenstände aus der mehr als 5000-jährigen Geschichte Mesopotamiens in 28 Galerien und Gewölben. Der Umfang beträgt mehr als eine halbe Million Einzelstücke. Der 1989 entdeckte Goldschatz von Nimrud wird nur als Fotoausstellung gezeigt; die mehr als 1400 Schmuckstücke lagern in der irakischen Staatsbank.

Während des Irakkriegs entspann sich eine publizistische Kontroverse über den Umfang von Plünderungen; der britische Journalist David Aaronovitch fasste im Juni 2003 zusammen:

> *There was some looting and damage to a small number of galleries and storerooms, and that is grievous enough. But over the past six weeks it has gradually become clear that most of the objects which had been on display in the museum galleries were removed before the war.*[2]

In einer Reportage für *Die Zeit* erwähnt Reiner Luyken neben dieser Vorsichtsmaßnahme allerdings auch den Verdacht, dass Museumsangestellte professionellen Dieben Zugang zu einem unterirdischen Tresor verschafft haben sollen, aus dem "5000 Amulette, Anhängsel und Schmuckstücke, dazu fast ebenso viele sumerische Rollsiegel" gestohlen wurden. Der Verbleib dieser Beute sei weitgehend ungeklärt, während die von Gelegenheitsdieben entwendeten Kunstwerke fast alle konfisziert oder freiwillig zurückgegeben worden seien.[3] Neben diesen Plünderungen gab es auch Zerstörungen: In den Museumssälen hätten die "ausschließlich einheimischen Randalierer", so Luyken, "28 der 451 Schaukästen beschädigt"; Schwerpunkt sei jedoch die Verwüstung von Büroeinrichtungen gewesen, als "Racheorgie" gegen das Regime.

Weblinks

- The Virtual Museum of Iraq [4]
- Clemens Reichel: Iraq Museum Database [5] Oriental Institute, University of Chicago
- Alex Spillius: "Media blamed for exaggerating loss of antiquities [6]" *Telegraph* vom 22. Mai 2003
- Bogdanos, Matthew. The Casualties of War: The Truth about the Iraq Museum American Journal of Archaeology, 109, 3 (July 2005) [7] (PDF-Datei; 3,68 MB)
- Bogdanos, Matthew. Thieves of Baghdad - and of the World's Cultural Property [8] (PDF-Datei; 29 kB)
- University of Chicago Mailing-Liste [9]
- The Single Backpack Theory: Proof archaeologists owe the U.S. an apology for their accusations on Iraq National Museum looting [10]
- Lawrence Rothfield: *The Rape of Mesopotamia: Behind the Looting of the Iraq Museum* (excerpt [11]), 2009, ISBN 978-0-226-72945-9

Belege

[1] President Of Iraq Antiquities Board Appointed To Faculty At Stony Brook (http://commcgi.cc.stonybrook.edu/artman/publish/printer_1292.shtml)
[2] David Aaronovitch: " Lost from the Baghdad museum: truth (http://www.guardian.co.uk/artanddesign/2003/jun/10/art.highereducation/print)" 10. Juni 2003
[3] Reiner Luyken: "Der Raub, den es nie gab" In: *Die Zeit* Nr. 30, S. 42
[4] http://www.virtualmuseumiraq.cnr.it
[5] http://oi.uchicago.edu/OI/IRAQ/dbfiles/Iraqdatabasehome.htm
[6] http://www.telegraph.co.uk/news/worldnews/middleeast/iraq/1430844/Media-blamed-for-exaggerating-loss-of-antiquities.html
[7] http://www.ajaonline.org/pdfs/109.3/AJA1093_bogdanos.pdf
[8] http://culturalpolicy.uchicago.edu/protectingculturalheritage/papers/Bogdanos.Paper.pdf
[9] https://lists.uchicago.edu/web/arc/iraqcrisis/2009-07/thrd1.html
[10] http://frankwarner.typepad.com/free_frank_warner/2005/07/the_single_back_1.html
[11] http://www.press.uchicago.edu/Misc/Chicago/729459.html

Koordinaten: 33° 19′ 41.9″ N, 44° 23′ 7.4″ O

Lehm

Lehm ist eine Mischung aus Sand (Korngröße > 63 µm), Schluff (Korngröße > 2 µm) und Ton (Korngröße < 2 µm). Er entsteht entweder durch Verwitterung aus Fest- oder Lockergesteinen oder durch die unsortierte Ablagerung der genannten Bestandteile. Unterschieden werden je nach Entstehung *Berglehm*, *Gehängelehm*, *Geschiebelehm* (Gletscher), *Lösslehm* (Löss) und *Auenlehm* (aus Flussablagerungen). Lehm ist weit verbreitet und leicht verfügbar, er stellt einen der ältesten Baustoffe der Welt dar.

Lehmschicht in einer tiefen Baugrube (Rheda-Wiedenbrück)

Zusammensetzung

Die Mischungsverhältnisse von Sand, Schluff, und Ton können innerhalb definierter Grenzen schwanken, in kleinen Mengen kann noch gröberes Material (Kies und Steine) darin enthalten sein. Lehm mit nennenswertem Gehalt an Kalk, etwa in Folge wenig fortgeschrittener Verwitterung oder bei der Entstehung durch Ablagerung kalkigen Materials, wird als Mergel bezeichnet. Tonreiche Lehme werden als *fett* bezeichnet (**nicht** im Sinne von fetthaltig), tonarme als *mager*.

Eine Lehmgrube *(Ziegellehm)*

Eigenschaften

Lehm ist nicht so plastisch und wasserundurchlässig wie reiner Ton, da die Korngröße der Bestandteile Sand und Schluff größer ist. In feuchtem Zustand ist Lehm formbar, in trockenem Zustand fest. Bei Wasserzugabe *quillt* Lehm, beim Trocknen *schwindet* oder *schrumpft* er, was im Lehmbau besonders zu beachten ist. Lehm als Baustoff speichert Wärme und wirkt regulierend auf die Luftfeuchtigkeit.

Bodenbildung auf Lehm

Aufgrund des hohen Anteils verwitterbarer Minerale, die zudem von einer guten Speicherfähigkeit für Nährstoffe und Wasser begleitet wird, entstehen aus Lehm im Allgemeinen fruchtbare Böden.

Lehm als Baumaterial

Lehm ist das älteste im Bauwesen verwendete Bindemittel, neben Holz das älteste Baumaterial (Stampflehm) des Menschen und gehört mit Kalk – und seit Beginn des 20. Jahrhunderts Zement – zu den wichtigsten mineralischen Baustoffen.

Lehm wird oft ungebrannt verwendet: Lehmbautechniken sind seit mehr als 9000 Jahren bekannt, und noch heute lebt etwa ein Drittel der Erdbevölkerung in Lehmhäusern. Aus Lehm und Lehmziegeln wurden große Gebäude errichtet, so etwa die Große Moschee von Djenné in Mali oder das Zikkurat von Tschoga Zanbil im heutigen Iran.

Kornspeicher der Dogon (Mali) aus Lehm

Die Große Moschee von Djenné in Mali

St. Marien in Neubrandenburg, ein Beispiel der Backsteingotik. Das Ausgangsmaterial für Backstein ist Lehm, der in einem Brennverfahren geformt und verfestigt wird.

Strohlehmwand an einer alten Scheune in Bad Endbach-Wommelshausen

In den meisten Gebäuden, die in kalkarmen Regionen Deutschlands vor 1950 errichtet wurden, findet sich Lehm, etwa in Fachwerkhäusern zumindest in Innenwänden, als Lehmputz und teilweise in den Geschossdecken. Lehmestrich wird in Kellerräumen, Tennen und Scheunen verwendet. Er ist ein hervorragender Boden mit feuchtigkeitsregulierenden Eigenschaften. Zu fetter (hoher Tonanteil) Lehm wird mit reschem Sand abgemagert. In manchen Dörfern finden sich noch alte Lehmkuhlen, aus denen früher der Lehm abgebaut wurde. Seit Anfang der 1980er Jahre wird Lehm als umweltfreundlicher und gesunder Baustoff wie auch als ein hauptsächlich im Innenbereich eingesetztes Gestaltungsmittel (Lehmputze, Lehmfarben) wiederentdeckt. Da er nur physikalisch aushärtet (und nicht wie die meisten anderen Baustoffe chemisch abbindet), muss er in Mitteleuropa im Außenbereich witterungsgeschützt eingesetzt werden.

Eine Ausnahme sind die *Strohlehmwände* in Mittelhessen. Darunter versteht man Verputze aus Lehm mit kurzgeschnittenem, überlappend eingebundem Stroh, die als Witterungsschutz auf den der Wetterseite zugewandten Fachwerkwänden an Wohnhäusern, Scheunen und Stallungen angebracht wurden.

Lehme, die sich zum Brennen eignen, sind im Allgemeinen sandige Tone, etwa *Ziegellehm* als Ausgangsmaterial für das Brennen von Ziegeln. Lehm kann für den Bau von Lehmöfen oder für das Verputzen von Wandheizungen verwendet werden, da Lehm wie die meisten schweren Baustoffe gute Wärmespeichereigenschaften besitzt und an heißen Bauteilen eingesetzt werden kann. Dies ermöglicht - auf Grund seiner lediglich physikalischen Aushärtung - beispielsweise Boden- und Wandheizungen mit hoher Vorlauftemperatur, bei denen die Heizrohre unter Arbeitstemperatur verputzt werden müssen. Im energetisch effizienten Gebäuden die baubiologischen Ansprüchen genügen sollen ist die Wandheizung unter Lehmputz eine Baukörperheizung welche mit geringer Vorlauftemperatur als Flächenheizung und in Kombination mit solarer Thermie effiziente Gebäude mit baubiologisch gesundem Wohnklima verbindet.

Lehm in der Naturheilkunde

Lehm wird in der Form von Lehmwickeln in der Naturheilkunde eingesetzt. Er wirkt stark entfettend und soll „ausleitend" auf Flüssigkeiten wirken. Unmittelbar auf Wunden gebracht wirkt Lehm reinigend und entgiftend. Es wird ihm eine Krankheitserreger und Giftstoffe bindende Wirkung zugeschrieben.

Lehm als Biotop

Im Tierreich bauen beispielsweise die *Lehmwespen* ihre Nester vorwiegend mit oder im Lehm. Die lehmigen Ufer von Bächen oder Flüssen bevorzugen einige Vogelarten als Bauplatz für ihre Bruthöhlen, so etwa die *Uferschwalbe*. Zahlreiche Insekten, etwa manche Spinnenarten, bauen ihre Wohnhöhlen in Lehm, ebenso manche Schnecken.

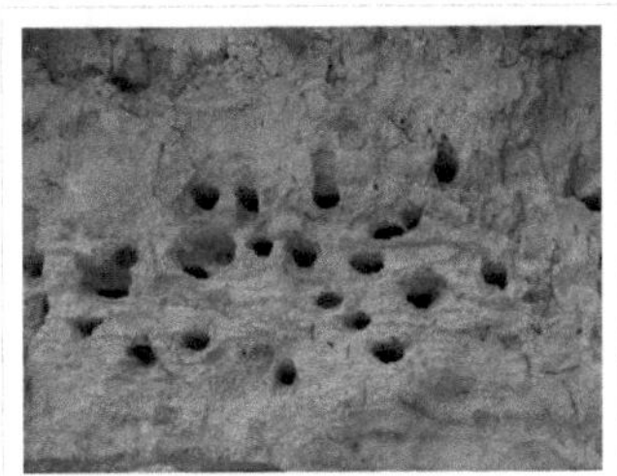
Brutröhren der Uferschwalbe in Lehm

Durch seine wasserstauenden Eigenschaften ist Lehm der Untergrund vieler Feuchtbiotope, wie sie etwa in zahlreichen Flussauen auftreten. Die Existenz etlicher Moore ist an das Vorkommen tonigen Lehms gebunden, so etwa im Hohen Venn.

Lehm im Terrarium

In Terrarien, speziell bei Wüsten- und Trockenterrarien, wird Lehm in zweierlei Hinsicht eingesetzt.

1. Rück- und Seitenwände werden mit einem speziellen Lehm-Sand-Gemisch (SALEG) auf einem tonbeschichteten Spezialgittergewebe erstellt, die an die hölzernen Rück- und/oder Seitenwand geschraubt und anschließend mit dem Sand-Lehm-Gemisch beschichtet werden. Bei Glasterrarien erfolgt die Montage des Spezialgittergewebes auf feuchtigkeitsbeständigen Siebdruckplatten, die anschließend von innen an die Rück- und/oder Seitenwände geklebt werden.
2. Lehmpulver wird mit Sand vermischt, um einen trittfesten Untergrund zu schaffen. Je nach Verhältnis Lehm zu Sand kann die Mischung sehr hart oder weich eingestellt werden (weiche Mischung für grabende Tiere).

Neben den natürlichen optischen Eigenschaften wirkt sich Lehm wie im Lehmbau positiv auf das Raumklima aus. Lehm reguliert die Luftfeuchtigkeit auf den für Trockenterrarien geeigneten Wert von 20 bis 30%.

Weblinks

- Wohnhäuser und andere Bauwerke aus Lehm [1]
- Lehm im Terrarium [2]
- Grundlagenwissen Lehm und Mailingliste [3]
- Bundesverband zur Förderung des Lehmbaus [4]

References

[1] http://www.lehmtonerde.at/
[2] http://www.terraclay.net/
[3] http://www.lehmbau-online.de
[4] http://www.dachverband-lehm.de

Nuzi

Nuzi (genauer *Nuzu*, auch *Ga-Sur*) ist eine antike hurritische Stadt. Sie war eine Kleinstadt im Königreich Arrapcha, die heute den Siedlungshügel (Tell) *Jorgan Tepe* bildet, heute ein Teil Kirkuks. Sie liegt östlich des Tigris, südöstlich von Ninive.

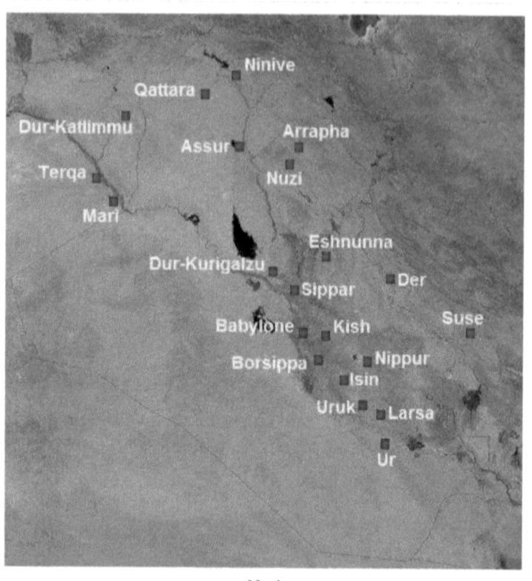

Nuzi

Fundgeschichte

Seit dem Beginn des 19. Jhd. wurden auf dem Kunstmarkt Tontafeln aus der Umgebung von Kirkuk gehandelt, die von den örtlichen Bauern ausgegraben worden waren. Auf der Suche nach dem Ursprung dieser Tafeln entdeckte im Jahr 1925 Edward Chiera Nuzi/Jorgan Tepe, damals 16 km südwestlich von Kirkuk, und begann mit Ausgrabungen, gemeinsam mit dem Iraq-Museum in Baghdad und der ASOR, Chicago, die dann durch Robert H. Pfeifer, Richard F. S. Starr, der Harvard University und dem University Museum of Philadelphia fortgeführt wurden.

Topographie

Nuzi enthielt einen königlichen Palast, der einem *šakin bīti* unterstand. Hier war unter anderem ein königlicher Harem untergebracht, die oberste Palastdame führte den Titel Königin. In der mit einer Mauer umgebenen Oberstadt befand sich der Palastkomplex, der auch ein Lagerhaus, einen Tempel der Šawuška und des Nergal und Magazine umfasste. Hier befanden sich aber auch Privathäuser. Eine Unterstadt (*adaššu*) ist archäologisch nachgewiesen. Vorsteher der Stadt war ein *ḫazannu*.

Archive

Der Palast von Nuzi enthielt umfangreiche Archive mit insgesamt ca. 20.000 Tontafeln. Sie sind in akkadisch geschrieben, aber enthalten hurritische Lehnwörter mit deutlichen Hinweisen auf die hurritische Muttersprache der Schreiber, die wohl auch von der Bevölkerung hauptsächlich verwendet wurde.

Private und staatliche Archive enthielten rechtliche, geschäftliche und verwaltungstechnische Urkunden. Die Keilschrift-Tafeln geben zahllose Einzelheiten zum Leben in mittelbabylonischer Zeit, u. a. zu Rechtsangelegenheiten wie Adoption, Eheschließung, Erbrecht und Testament und zum Finanzsystem (z. B. kannte man schon das System der Ratenzahlungen).

Hier fand man auch die älteste Kartendarstellung auf einer Tontafel, die in die Akkad-Zeit (ca. 2340–2200 v. Chr.) datiert werden kann.[1] Auf der 7,5 cm × 6,5 cm großen Tontafel sind Berge, der Fluss Rahium mit seinen Zuflüssen und Städte eingezeichnet. Hauptthema der Karte dürfte wohl der in der Mitte bezeichnete Landbesitz von/des Azala sein. Am oberen (Osten) und unteren Rand (Westen) ist die Tafel mit Himmelsrichtungen versehen. Durch die vorhandenen Städte (z.B. Dur-ebla) ist es gesichert, dass die Karte die nähere Umgebung von Nuzi wiedergibt.

Frühere Annahmen einer direkten Verbindung zu biblischen Texten, z.B. Testamenturkunden als Vergleich mit den Teraphim *Gen 31*, konnten nach eingehenden Untersuchungen[2] nicht bestätigt werden; wohl aber bieten die Nuzi-Texte eine Dokumentation von Rechtspraktiken in Mesopotamien, die biblische Rechtstexte und biblische Praktiken verständlich machen.

Spezielle Rechtsformen, die nur in Nuzi vorkamen, stellen die *unechten Kauf- und Immobilien-Adoptionen* dar. Hintergrund dieser Verträge war der Versuch, eine *Klientenbeziehung* zwischen dem begüterten *Adoptierten* und dem finanziell in Not geratenen *Adoptanten* zu etablieren. Der *Adoptant* bewirtschaftete das ihm übergebene Feld und leistete im Gegenzug eine anteilige Abgabe vom Ernteertrag. In Nuzi wurden teilweise Töchter als Söhne adoptiert, um den Ahnenkult und den Kult der Familiengötter (*ilāni, kišpu*) sicherzustellen.

Geschichte

Die ältesten Funde stammen aus der Halaf-Zeit. In mittelbabylonischer Zeit gehörte Nuzi zum Königreich Arrapcha und wurde ca. 1350 v. Chr. sowohl von den Assyrern und Babyloniern erstmals zerstört (Stratum II). Um 900 v. Chr. wurde Nuzi unter Adad-nirari II. dem assyrischen Reich angegliedert. 615 v. Chr. wurde es von den Medern erneut zerstört.

Einzelnachweise

[1] W. Röllig: *Landkarten.* In: Dietz-Otto Edzard u.a. (Hrsg.): *Reallexikon der Assyriologie und vorderasiatischen Archäologie; Bd. 6: Klagegesang - Libanon.* de Gruyter, Berlin 1980–1983, ISBN 3-11-010051-7, S. 464 mit weiterführender Literatur.

[2] B. L. Eichler: *Nuzi and the Bible: A Retrospective.* In: H. Behrends (Hrsg), *DUMU-E-DUB-BA-A: Studies in Honor of Ake W. Sjoberg.* University Museum, Philadelphia 1989, S. 107–119; B. L. Eichler: *Another Look at the Nuzi Sistership Contracts.* In: Maria de Jong Ellis (Hrsg.): *Essays on the Ancient Near East in Memory of J.J. Finkelstein.* Archon Books, Hamden 1977, S. 45-59.

Literatur

- TUAT Band 1 - Neue Folge - , Gütersloher Verlagshaus 2004, ISBN 3-579-05289-6
- Erich Ebeling und Bruno Meissner (Hrsg.): *Reallexikon der Assyriologie.* W. de Gruyter, Berlin 1928–
- W. T. Pitards: *Care of the dead at Emar.* In: Mark W. Chavalas (Hrsg.): *Emar, the history, religion and culture of a Syrian town in the late Bronze Age.* Bethesda 1996
- K. van der Torn: *Gods and ancestors in Emar and Nuzi.* Zeitschrift für Assyriologie und Vorderasiatische Archäologie 84, 1994, S. 38–59.

Weblinks

- *Die Tontafeln von Nuzi.* theologische-links.de (http://www.theologische-links.de/downloads/archaeologie/nuzi_chiera_tontafeln_funde.html)
- *Nuzi Studies.* (http://infinitiv.com/nuzi/) (englisch)
- *Research Briefs.* Boston University (http://www.bu.edu/phpbin/researchbriefs/display.php?id=121) (englisch)

Tempel

Tempel (von lateinisch *templum*) ist die deutsche Bezeichnung von Gebäuden, die seit dem Neolithikum in vielen Religionen als Heiligtum dienten. Der älteste Bau, auf den die Bezeichnung direkt angewendet wird, ist der maltesische Tempel (ab 3800 v. Chr.).

Buddhistische Tempel- und Klosterlage Samye in Tibet

Von der Grundbedeutung des Wortes ausgehend, ist lat. *templum* (in der etruskischen und römischen Religion) zunächst nichts anderes als ein vom Bereich des Profanen abgegrenzter Bezirk, in dem Auguren die Beobachtung und Deutung des Vogelfluges und anderer Zeichen ausübten. In der altgriechischen Religion war der Tempel der Aufbewahrungsort für das Götterbild, während die Gottesverehrung und das rituelle Opfer im Freien, am Altar, der sich ebenfalls innerhalb des Heiligen Bezirks befand, stattfanden.

Der Tempel ist auf vielfältige Weise in das Religionssystem eingebunden. Der visuelle Aspekt steht anfangs noch nicht im Vordergrund. Der Tempel ist der Ort, an dem rituelle Handlungen für oder durch die Gläubigen (eher durch die in ihrem Auftrag handelnden) ausgeführt werden. In manchen Kulturen repräsentiert der Tempel den Kosmos schlechthin. Tempel werden oftmals als Aufenthaltsort der Götter aufgefasst. Stellt man sich den Berg als Sitz der Götter vor (Olymp), so ist u. U. auch der Tempel als Berg (Pyramide, Ziggurat) konzipiert. Es kommt schließlich zur Vorstellung eines häuslichen Lebens der Götter, das dem der Menschen entspricht; z. B. Tagesabläufe mit Weckung, Toilette, Speisung. Der sakrale Bezirk ist immer vom profanen Raum getrennt (Temenoi); der Tempel kann bestimmten Göttern vorbehalten sein oder in verschiedene Bereiche aufgeteilt sein.

In vielen Stadtkulturen ist der Tempel das zentrale Bauwerk und prägt die Siedlung. Neben der religiösen Bedeutung des Tempels ist, besonders in Hochkulturen, auch die wirtschaftliche nicht zu unterschätzen. Auch die Bildungseinrichtungen sind häufig an den Tempel gebunden.

Die israelitischen Heiligtümer

Die Hebräer besaßen jeweils nur ein einziges offizielles Heiligtum zur gleichen Zeit, obgleich es weitere untergeordnete Heiligtümer gab. Das älteste israelitische Heiligtum war das „Zelt der Zusammenkunft“, auch Mishkan oder Stiftshütte genannt, von dem in der Hebräischen Bibel berichtet wird. Als erster Steinbau wurde um 950 v. Chr. der salomonische Tempel errichtet. Nach seiner Zerstörung durch Nebukadnezar II. im Jahr 586 v. Chr. wurden bis zum Neubau des herodianischen Tempels zu Jerusalem nur provisorische Anläufe zu einer Wiederherstellung unternommen. Die Tempel des Judentums unterschieden sich von den Tempeln des klassischen Altertums, große Vorhöfe mit Brandopferaltar und ein vielgliedriges Tempelgebäude mit mehrgeschossigen Zimmerfluchten waren ihr Kennzeichen. Der herodianische Tempel auf dem Tempelberg zu Jerusalem wurde im Jahr 70 nach Christi Geburt in der Regierungszeit des Kaisers Vespasian von den Römern zerstört. Heute erheben sich auf dem Tempelberg der moslemische Felsendom mit seiner goldenen Kuppel und die Al-Aqsa-Moschee.

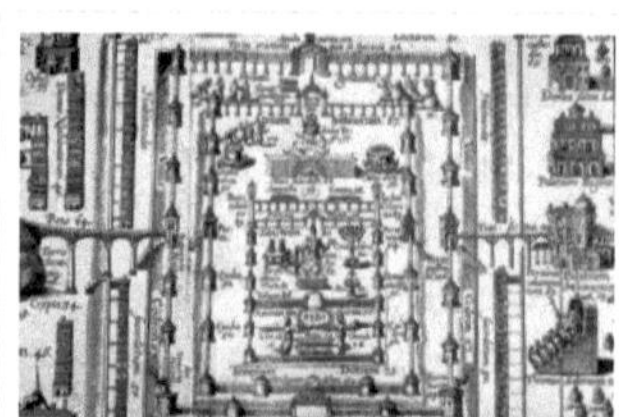
Tempel des Salomo (Rekonstruktion von Christian van Adrichom)

Ein einmaliges Modell aus der Barockzeit ist ein mehr als 12 Quadratmeter großes Holzmodell des Salomonischen Tempels, das von 1680 bis 1692 in Dresden gebaut wurde. Seit dem Jahre 1734 wurde das Modell Wallpavillon des

Dresdner Zwingers zusammen mit anderen Judaica ausgestellt und war dort bis in die 1830er Jahre zu sehen. Es erreichte über verschiedene Umwege etwa Ende des 19. Jahrhunderts Hamburg und steht heute im Museum für Hamburgische Geschichte. Zu diesem Modell gaben Michael Korey und Thomas Ketelsen im Jahre 2010 im Deutschen Kunstverlag einen Band mit dem Titel *Fragmente der Erinnerung. Der Tempel Salomons im Dresdner Zwinger* heraus.[1]

Seit dem 19. Jahrhundert wurden Reformsynagogen Tempel genannt. Der erste Tempel dieser Art war der Israelitische Tempel in Hamburg. Die Orientierung auf den Tempel in Jerusalem wurde umgedeutet auf den Tempel vor Ort.

Tempel der Griechen

Tempel des Hephaistos in Athen

Der griechische Tempel (griechisch ὁ ναός - Wohnung, inhaltlich nicht gleichzusetzen mit dem lateinischen *templum* - Tempel) ist ursprünglich das Kultbild bergende Gebäude eines griechischen Heiligtums. Er diente im Allgemeinen nicht dem Kult, da die Gottesverehrung ebenso wie Opfer im Freien stattfanden, konnte aber Weihgeschenke oder Kultgerät aufnehmen. Der Tempel war also kein zwingend erforderlicher Bestandteil eines griechischen Heiligtums. Er ist der bedeutsamste und am weitesten verbreitete Gebäudetypus der griechischen Baukunst.

Innerhalb weniger Jahrhunderte entwickelten die Griechen den Tempel von den kleinen Lehmziegelbauten des 9. und 8. Jahrhunderts v. Chr. zu monumentalen Bauten mit doppelten Säulenhallen des 6. Jahrhunderts v. Chr., die ohne Dach leicht über 20 Meter Höhe erreichten. Für die Gestaltung griffen sie hierbei auf die landschaftlich geprägten Bauglieder der dorischen und der ionischen Ordnung zurück, zu denen ab dem späten 3. Jahrhundert v. Chr. die korinthische Ordnung trat. Eine Vielzahl unterschiedlicher Grundrissmöglichkeiten wurde entwickelt, die mit den verschiedenen Ordnungen der aufgehenden Architektur kombiniert wurden. Ab dem 3. Jahrhundert v. Chr. ließ der Bau großer Tempel nach, um nach einer kurzen letzten Blüte im 2. Jahrhundert v. Chr. vollständig zum Erliegen zu kommen. Der griechische Tempel wurde nach festen Regeln entworfen und gebaut, deren wichtigste Bezugsgrößen der untere Durchmesser der Säulen oder die Maße des Fundamentes sein konnten. Optische Verfeinerungen lösten die Starre der sich so ergebenden fast mathematischen Gestaltungsgrundlagen. Entgegen heute immer noch verbreiteter Vorstellung waren die griechischen Tempel bemalt, wobei satte Rot- und Blautöne neben das dominierende Weiß traten. Überaus reich war bei aufwendig gestalteten Tempeln der figürliche Schmuck in Form von Reliefs und Giebelfiguren. In der Regel wurden die Bauten von Städten und Heiligtumsverwaltungen beauftragt und finanziert, doch konnten auch Privatpersonen, meist hellenistische Herrscher, als Bauherren und Stifter auftreten.

Tempel der Römer

Maison Carrée in Nîmes

Der Begriff *Tempel* ist eine direkte Entlehnung aus dem Lateinischen. *Templum* stellt sich zum griechischen Verbum τέμνω - schneiden.[Quelle?] Ursprünglich bezeichnete Templum jenen Bereich, den der Augur aus der natürlichen Topographie „herausschnitt", um in diesem Bereich seine Beobachtungen zu machen. Nur das wurde als Auspizien gedeutet und zum göttlichen Zeichen erhoben, was in diesem Bereich, eben im Templum geschah. Diese Tätigkeit des Auguren nannte man „contemplatio", woher sich der Begriff der Kontemplation, die verinnerlichte Betrachtung ableitet. Die Entwicklung zum Gebäude verlief vermutlich dergestalt, dass ein solches Fanum, also Heiligtum, später materiell vom „Profanen", also der sich außerhalb des Heiligtums befindenden Welt, abgetrennt wurde. Immerhin galten die Zeichen als Manifestationen eines Gottes, und damit beanspruchte dieser Gott dann das Areal für sich.

Im römischen Sakralbau vermischen sich etruskische und griechische Einflüsse. Die etruskischen Tempel erheben sich auf einem hohen Sockel als Unterbau und setzen sich somit deutlich von der Umgebung ab. Sie sind richtungsbezogen, haben also einen rechteckigen Grundriss. Eine Freitreppe an der Schmalseite führt in die Vorhalle, eine offene Säulenhalle, die vor der oft dreiteiligen *Cella*, dem Innenraum liegt. Das ganze wird von einem flachen Satteldach mit Tonziegeln abgedeckt.

Die römischen Tempel übernehmen die etruskischen Vorbilder, griechische Einflüsse werden aber im Laufe der Zeit – vor allem nach der römischen Eroberung Griechenlands im 2. Jahrhundert v. Chr. – immer stärker: der Grundriss wird in Längsrichtung gestreckt, die Cella wird im Verhältnis zur Vorhalle größer, ihre Dreiteilung wird zugunsten eines Großraums aufgegeben. Ein gut erhaltenes Beispiel aus augusteischer Zeit ist die Maison Carrée in Nîmes.

Tempel im Christentum

Santa Maria sopra Minerva, ein zur Kirche umgewandelter antiker Tempel in Assisi.

Im Judenchristentum spielte in der ersten Zeit der Jerusalemer Tempel noch eine Rolle. Da sich Jesus kritisch gegenüber dem Tempel verhalten hatte und der getaufte Mensch selbst als Tempel Gottes verstanden wurde, endete der Tempelkult im Christentum mit der Zerstörung des zweiten Israelitischen Tempels, welcher eigentlich nur noch Tempel des Stammes Juda war.

Ab Konstantin I. (Rom) entstand eine neue Form in den Kirchenbauten. Die Bauform der Basilika ist einerseits eine neutrale, da auch Gerichts- und Marktgebäude ähnlich aussahen, hatte zuletzt andererseits aber auch dem Kult der vergöttlichten Kaiser gedient und machte insofern die Ablösung des Kaiserkultes durch die neue Religion sichtbar.

Auch in der Orthodoxen Kirche werden die Gotteshäuser als *Tempel* (griechisch *naos*) bezeichnet, während das Wort *Kirche* (griechisch *ekklesia*) nur für die Gemeinschaft selbst verwendet wird.

Ebenso nennt die Gemeinschaft in Christo Jesu ihr zentrales Heiligtum, die Eliasburg, Tempel.

Unter den neueren Gemeinschaften auf christlicher Basis ist die Kirche Jesu Christi der Heiligen der Letzten Tage („Mormonen") für ihre weltweit errichteten Tempel bekannt. Siehe dazu den Artikel Tempel der Kirche Jesu Christi der Heiligen der Letzten Tage. Eine weitere Gemeinschaft, die sich auf die gleiche Gründerfigur Joseph Smith beruft, die Gemeinschaft Christi, besitzt zwei Tempel.

Tempel im Hinduismus

Im Hinduismus repräsentiert der Tempel (*Mandir*) den Kosmos schlechthin. Im Tempel „berühren" sich die Welt der Götter und die Welt der Menschen. Im Gegensatz zu den Hausriten ist der Tempelbesuch jedoch nicht obligatorisch.

Ranganatha Tempel in Mysore, Südindien

Tempel im Buddhismus

Zu den Religionen, die Tempel als Heiligtümer haben, gehört der Buddhismus, zu dem auch Zen, Tantra(-ismus) und Lamaismus zählen. Im Buddhismus ist der Begriff Tempel eng mit Kloster verbunden und nicht immer klar zu trennen.

Wichtige Elemente eines buddhistischen Tempels sind Pagode und die Dhamma-Halle für Zeremonien und Lehrvorträge in Thailand auch Bot und in Japan Zendo genannt.

Tempel auf Bali

Ein Ritual, das in Tempeln häufig abgehalten wird, ist die Puja, eine Andacht zu Ehren Buddhas. Es werden zwar Rauch, Blumen, Speiseopfer und dergleichen mehr verwendet, aber Buddha lehnte (große) Opfer als sinnlos ab. Insofern ist es zu verstehen, dass man durch gute Werke (z. B. das Beschenken von Mönchen) Verdienste erwirbt, die sich gut auf das eigene Glück auswirken sollen.

Die Tempel können je nach Schule und Kulturkreis sehr unterschiedlich sein. So sind z. B. Indien und Sri Lanka für ihre Höhlentempel bekannt. Mit der Verbreitung in Deutschland entstanden auch dort buddhistische Tempel, die den dortigen klimatischen und kulturellen Bedürfnissen angepasst sind, wie z. B. Das Buddhistische Haus.

Tempel im Shintō

Zur besseren Unterscheidung von den buddhistischen Tempeln in Japan hat sich für die religiösen Baustätten des Shintō der Begriff „Schrein" bzw. „Shintō-Schrein" eingebürgert, obwohl lange Zeit in Japan kein wesentlicher Unterschied zwischen den Religionen Buddhismus und Shintō gemacht wurde.

Tempel der Bahai

Die Bahai errichten weltweit ihre Häuser der Andacht, die der *Einheit der Religionen* gewidmet sind und allen Menschen offen stehen. Im Mittelpunkt der Andacht stehen die Heiligen Schriften aller Weltreligionen, welche ohne Predigt, Auslegung oder Kommentar in der Originalsprache oder Übersetzung rezitiert werden.

Gesungene Gebete in allen Sprachen und spirituellen Traditionen der Menschheit sind in den Tempeln willkommen. Die Akustik des zentral angelegten Kuppelbaus trägt die menschliche Stimme. Keine anderen Geräusche sollen die individuelle Reflexion und Meditation stören.

In der Kuppelspitze, der Ampel, ist eine arabische Kalligrafie zu sehen, ein Ausdruck des Lobpreises: „O Herrlichkeit des Allherrlichen!". Ein weiteres Merkmal verbindet die Tempel: Neun Tore nach allen Seiten symbolisieren die Offenheit für die Anhänger der verschiedenen Religionen.

Ansonsten zeichnen sich die Häuser der Andacht gerade durch ihre architektonische Vielfalt aus, die ganz bewusst verschiedene Stile und Symbole der unterschiedlichen Kulturen repräsentieren.

Der bekannteste Bahai-Tempel steht in Delhi, Indien, und ist als Lotustempel bekannt.

Tempel als touristische Anziehungspunkte

Die Tempelruinen vergangener Kulturen wie die von Ägypten, Assyrien, Babylon, Griechenland, Rom, oder der Azteken und Inka sowie die der vorgeschichtlichen Kulturen auf Malta, Sardinien etc. sind wichtige archäologische Denkmäler, die häufig auch touristische Anziehungspunkte sind.

Ägyptischer Tempel in Deir el-Bahari

Siehe auch

- Göbekli Tepe, mit ca. 12.500 Jahren bislang die älteste bekannte Tempelanlage der Welt im Südosten der heutigen Türkei
- Altes Ägypten, Abschnitt Tempel
- Totentempel
- Besakih, historische Tempelanlage auf Bali; wird noch genutzt.
- Ġgantija, prähistorische Tempelruine auf der Insel Gozo (Malta)
- Matrimandir, zeitgenössischer Tempel und Meditationszentrum im südindischen Auroville
- Vaishno Devi Mandir, einer der wichtigsten Tempel des Hinduismus in Jammu und Kashmir
- Asklepieion
- Apollontempel
- Asklepiostempel
- Athenatempel
- Concordiatempel
- Demetertempel
- Dianatempel
- Dioskurentempel
- Dongyue-Tempel
- Hephaistostempel
- Husarentempel
- Konfuziustempel
- Olympieion
- Poseidontempel
- Tempel der Artemis
- Tempel der Roma und des Augustus
- Tempel der Weißen Pagode
- Tempel L
- Zeustempel
- Templo

Einzelnachweise

[1] FAZ vom 15. September 2010, Seite N3

Literatur

- Patrick Schollmeyer: *Römische Tempel. Kult und Architektur im Imperium Romanum.* Darmstadt 2008, ISBN 978-3-534-19693-7.
- Ernst Seidl (Hg.): *Lexikon der Bautypen. Funktionen und Formen der Architektur.* Stuttgart 2006, ISBN 978-3-15-010572-6.

Weblinks

- Die Tempel-Türme in Orissa (Indien), von Dr. Bernhard Peter (http://www.kultur-in-asien.de/Indien/Sonstige/seite542.htm)
- Die Tempelstädte von Tamil Nadu (Indien), von Dr. Bernhard Peter (http://www.kultur-in-asien.de/Indien/Sonstige/seite573.htm)
- Tempel der Hoysala-Kultur in Indien, von Dr. Bernhard Peter (http://www.kultur-in-asien.de/Indien/Sonstige/seite563.htm)
- Architektur der Jain-Tempel in Indien, von Dr. Bernhard Peter (http://www.kultur-in-asien.de/Indien/Sonstige/seite538.htm)
- Der Lotus-Tempel der Bahai in Neu-Delhi, von Dr. Bernhard Peter (http://www.kultur-in-asien.de/Indien/Sonstige/seite572.htm)
- Aufstellung sämtlicher Tempel der Kirche Jesu Christi der Heiligen der Letzten Tage (http://www.lds.org/temples/geographical/0,11380,1899-4,00.html)
- Neues aus dem unterirdischen Tempel (http://connection.de/damanur.htm) von Damanhur

Ornament

Ein **Ornament** (von lat.: *ornare* = „schmücken“, „zieren“) ist ein meist sich wiederholendes, oft abstraktes oder abstrahiertes Muster. Man findet Ornamente z. B. auf Stoffen, Bauwerken, Tapeten etc. Der Begriff Ornament wird fälschlicherweise mit den Begriffen Verzierung oder Dekoration verwechselt, welche eine Agglomeration von Schmuckelementen beschreiben.

Eierstab-Ornament an einem Fries der Nikolaikirche Leipzig

Ein Ornament weicht formal deutlich vom Hintergrundmuster ab und wird häufig farblich oder durch Erhebung abgegrenzt. Bereits in der Steinzeit finden sich Ton-Krüge, die mit Ornamenten verziert sind.

Ornamente können gegenständlich aus Blumen- oder Fantasiemustern gebildet werden. Blumen und Blätterornamente findet man z. B. häufig in Kirchen, Kathedralen, Kreuzgängen und anderen Bauwerken an Säulen oder Erkern, sowie an Decken (Stuck) oder Hauseingängen.

Aufwändige Ornamentmalereien im Speyerer Dom, gefertigt von Joseph Schwarzmann um 1850; zerstört 1960

Ornamente können auch abstrakte Formen, etwa traditionelle Clanmuster oder Stammeszeichen enthalten, um die Zugehörigkeit des Trägers zu verdeutlichen. Besonders häufig kommen sie z. B. in der islamischen Kunst (wegen des dortigen Bilderverbots) als Arabesken vor.

Einführung

Ornamente grenzen sich von Bildern im klassischen Sinne dadurch ab, dass ihre narrative Funktion gegenüber der schmückenden Funktion in den Hintergrund tritt. Sie bauen weder zeitlich noch in der räumlichen Tiefe eine Illusion auf. Sie erzählen beispielsweise keine kontinuierliche Handlung und sind auf die Fläche beschränkt. Trotzdem können Ornamente durchaus naturalistisch und plastisch ausgeprägt sein. Es können auch einzelne Gegenstände, z. B. Vasen, ornamental verwendet werden, wenn sie als Hauptfunktion verzieren.

Gegenständliche und plastische Ornamente stehen den abstrakten oder stilisierten gegenüber. Die Stilisierung kann einzelne Elemente oder Formen betreffen oder wie in der Arabeske die Bewegungsführung. Je abstrakter ein Ornament ist, desto stärker erscheint der Grund als eigenständiges Muster.

Neben ihrem Abstraktionsgrad unterscheidet man Ornamente in ihrem Verhältnis zum Träger. Ornamente können akzentuieren (Rosetten), gliedern (Bänder, Leisten in der Architektur), füllen und rahmen. Der Träger kann das Ornament bestimmen oder umgekehrt vom Ornament beherrscht werden. Intensität und Dichte entscheiden zudem über die Beziehung zum Träger.

Ornamente werden nicht nur als Kunstgattung untersucht, sondern auch in ihrer stilgeschichtlichen Entwicklung und v. a. im Rahmen der menschlichen Wahrnehmung. Letztere Herangehensweise versucht, dem Studium der Ornamentik Erkenntnisse der Psychologie zugrundezulegen. Die Faszination des Menschen an einfachen geometrischen Elementarformen wird erklärt mit der Notwendigkeit, aus der Vielzahl der chaotischen Bildreize, auszuwählen. Um ästhetisch zu erscheinen müssen Ornamente nach diesem Ansatz außerdem eine gewisse Komplexität mitbringen. Ansonsten werden sie als erwartungskonform aussortiert.

Die Stilgeschichte des Ornaments beschäftigt sich mit der zeitlichen Entwicklung verzierender Motive und ihrer Ausgestaltung und wurde von Alois Riegl Ende des 19. Jh. begründet. Wenn eine andere Kultur ein Motiv übernimmt, so dass es seine ursprüngliche Bedeutung verliert oder verändert, oder wenn Trägermedium bzw.

Fertigungstechnik wechseln, etwa für die massenhafte und automatisierte Produktion, entwickeln sich Motive weiter. Verschiedene Kulturen, aber auch örtliche Strömungen stehen dabei in einem Wechselspiel und beeinflussen sich gegenseitig. Manchmal sind bestimmte Ausprägungen eines Ornaments so typisch für eine Epoche, einen Ort oder sogar einen einzelnen Künstler, dass sie zur Bestimmung herangezogen werden.

Die Diskussion um Ornamente wurde immer wieder bestimmt durch das Prinzip des Decorum, das angewendet auf die Ornamentik aussagt, ob etwa der Ort oder die Ausgestaltung passen. Dazu gehört, ob ein Ornament als kitschig oder überladen aufgefasst wird. Was eine Gesellschaft als passend empfindet, hängt stark von ihren Normen ab. Da Verzierungen den vielleicht geringen Wert oder die Funktionalität ihres Trägers überdecken können, wurde in der Geschichte im Namen natürlicher Schönheit (Anmut) häufig eine nüchterne, sozusagen klassische Ornamentik gefordert.

Neben der Kunst tritt das Ornament in der Musik als evtl. frei improvisierte Verzierung auf oder in der Rhetorik, wo man darunter eine übertrieben bildhafte oder rhythmische Sprache versteht. Darüber hinaus tauchen ornamentale Elemente auch in der klassischen Malerei auf, etwa im rhythmischen Faltenwurf von Stoff oder in der gewundenen Darstellung von Figuren.

Epochenüberblick

Altertum

Alter Orient

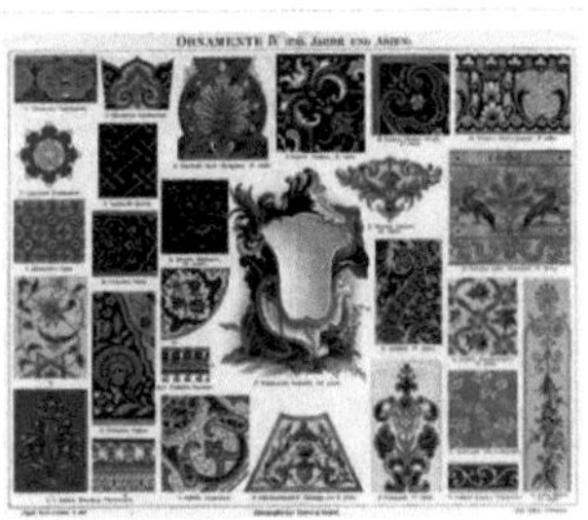

Ornament aus dem 16. und 17 Jahrhundert

Im Nahen Osten reichen einfache geometrische Verzierungen bis zu 10.000 Jahre zurück, erhalten auf Werkzeugen, Tongefäßen oder Höhlenwänden. Palmette und Rosette, Spiral- und Linienmuster werden schon mehrere Jahrtausende v. Chr. zur Verzierung verwendet. Zwei in Altägypten weit verbreitete Pflanzenmotive sind der Lotus in seinen Ausprägungen als Blatt, Knospe oder als Blüte und der Papyrus als Blüte. Daneben umfasst die ornamentale Motivik in Altägypten u. a. Tiere (z. B. Bukranien), Menschen, Schriftzeichen und geometrische Muster. Die Motive werden gereiht, alterniert oder mit Linien (z. B. Spirallinien) verbunden. Zu weiteren Motiven, die schon vor der klassischen Antike Verbreitung finden, gehören Pinienzapfen und Granatäpfel. Die Triplespirale und die Triskele sind Motive der Vorzeit. Das Wirbelrad eine Abwandlung des Swastika kommt später hinzu.

Klassische Antike

In der griechischen Antike entwickeln sich Rankengeschlinge und -füllung, sowie Akanthus und Palmette zu ihrer klassischen Form. Es entstehen Ausprägungen wie Halbpalmette und umschriebene Palmette, sowie als verbindendes Element die freie Wellenranke, die sich später auch räumlich entfaltet. Im Gegensatz zur altägyptischen Ornamentik ordnet man die Motive nicht nur streng rechtwinklig sondern durchaus diagonal an. Ornamente sieht man in ihrem Verhältnis zum Inhalt, z. B. als Rahmen für Darstellungen auf Vasen. Relativ früh kommt das Efeublatt, später das Akanthusblatt als Ornament auf, Letzteres in Verbindung mit der korinthischen Ordnung (vgl. Säulenordnung und Kapitell).

Im Hellenismus und der römischen Antike zeigen sich v. a. im Westen räumlich-naturalistische Tendenzen in der Ornamentik; es häufen sich Menschen- und Tierdarstellungen (Putten, Phantasiewesen oder Vögel). Die Spätantike führt einerseits zu einer weiteren Naturalisierung und üppigen Flächenfüllung, was v. a. der Darstellung von Reichtum dienen soll. Jedoch werden die Motive oft relativ frei, fast stilisiert verwendet. Beispielsweise kommt das unfreie Akanthusblatt auf, dessen verbindende Ranke sich an seiner Spitze fortsetzt. Besonders im Osten entwickelt sich ein eher abstrakter Stil. Weitere für die römische Antike typische Motive sind Lorbeer, Weintrauben und -blätter. Die Säule verliert ihre ausschließlich lasttragende Funktion und wird ornamental eingesetzt.

Europa

Gotik

Der Kathedralen- und Dombau beeinflusst neben der Architektur auch die Ornamentik der Gotik. Die für den Stil wegweisende Kathedrale Notre-Dame de Paris zeigt mit ihren stirfeln Fensterrose ein typisches ornamentales Motiv der Epoche, die Rosette. Darüber hinaus prägt v. a. das Maßwerk die gotische Ornamentik. In der Spätgotik entwickelt sich dann der Flamboyant-Stil, der sich durch den Einsatz flammenförmiger Fischblasen auszeichnet, die oft zusammengesetzt verwendet werden (z. B. im Dreischneuß).

Die Galluspforte des Basler Münsters mit Radfenster

Renaissance

Für Leon Battista Alberti spielt das Ornament eine wichtige Rolle im Zusammenhang mit der Definition des Begriffes Schönheit (pulcritudo). Die Schönheit, so Alberti, ist ein idealer Zustand, in dem dem Gebäude nichts entfernt oder hinzugefügt werden kann, ohne dass die Schönheit dadurch gemindert würde. Da dieser Zustand in der Wirklichkeit nicht erreicht wird, wird auf das Ornament von außen auf das Gebäude aufgebracht, um die Vorzüge des Gebäudes zu unterstreichen und die Mängel zu verbergen (Alberti: de re aedificatoria, Venedig 1485, Buch VI, Kap. 2).

Die wichtigste Anwendung dieses dualistischen Schemas von Schönheit und Ornament findet sich im Theatermotiv, das in der Renaissance zum wichtigsten Gliederungsschema für Gebäudeaufrisse wurde.

Neuzeit

Die Wiener Avantgarde formulierte in der Phase der Vor- oder Frühmoderne zwischen Jahrhundertwende und dem Ersten Weltkrieg als erstes heftige Kritik am Ornament. Vor allem Adolf Loos mit seinem Loos-Haus am Michaelerplatz und Otto Wagner mit seiner Postsparkasse entwarfen zwei Bauten, die nahezu völlig auf ornamentale Verzierung verzichteten. Ähnliche Tendenzen gab es aber auch beim Loos-Freund Arnold Schönberg, der die klassische Musik von allem redundanten und überflüssigen befreien wollte und ebenso bei den Gemälden von Egon Schiele, nackt und reduziert im Vergleich zu vor goldenen Verzierungen überquellenden Werken von Gustav Klimt. Die Kritik der Wiener Avantgarde am Ornament, die nach dem Ersten Weltkrieg grossen Einfluss auf die Weimarer Moderne und damit das Bauhaus ausübte, ist vor allem unter den speziellen Umständen der österreichischen Hauptstadt als Mittelpunkt eines zerbrechenden Vielvölkerstaates zu verstehen. Die aufgesetzte Oberflächlichkeit der repräsentativen, prächigen Ringstrassenfassaden geriet in den Fokus der Kritk einer Vielzahl junger Gestalter, da sie mit einer grossen Zahl von Mißständen im Land gleichgesetzt wurde: mit der im Lande herrschende katholischer Doppelmoral, dem von der Industrialisierung profitierenden, neureichen Bürgertum und einem überalterten Kaisertum.

Ornamentik an der Pauluskirche in Bern

Nach dem Zweiten Weltkrieg, als sich durch die Emigration von Walter Gropius und Ludwig Mies van der Rohe nach Amerika und über die dortige Neugründung als New Bauhaus die Lehren des Bauhaus von den U.S.A. aus weltweit als Internationaler Stil durchsetzte, Stuck, Tapete und Fassadenhaftigkeit mit einem Bannspruch belegt wurden und der Ulmer Schule und der Schweizer Typografie im Bereich von Produktdesign und Grafik ähnliches gelang, verschwand das Ornament für nahzu 40 Jahre fast vollständig als Gestaltungsmittel aus dem Bewusstsein der Gestalter. Erst seit der Postmoderne und schliesslich mit der digitalen Revolution spielt das Ornament in aktuellen Designentwicklungen wieder eine größere Rolle.

Als anthropologische Konstante ist es im Rahmen der Globalisierung von Kommunikationsprozessen als kulturübergreifend nutzbares, grafisches Element in die Moderne zurückgekehrt. Als Protagonisten einer Wiederbelebung des Ornaments im Kommunikationsdesign anfangs des 21. Jahrhunderts gilt u. a. die Pixel-Art -orientierte Welt von eboy, das Corporate Design des Berliner Direktorenhaus Berlin durch Apfel Zet, das in Hong Kong von Joathan NG gestaltete Magazin Idn, Webapplikationen von Yugo Nakamura, Tokyo, oder das Erscheinungsbild der Weltleitmesse Tendence Lifestyle / Messe Frankfurt von Heine/Lenz/Zizka (Frankfurt am Main). In der Architektur gibt es jedoch nach wie vor grosse Vorbehalte das Ornament einzusetzen.

Kritik am Ornament

In der Architektur und dem Produktdesign der Moderne entwickelte sich eine weitverbreitete Skepsis und Ablehnung gegenüber dem Ornament. Propagiert wurde stattdessen die Formel „form follows function". Besonders populär wurde die 1908 erschienene Schrift von Adolf Loos *Ornament und Verbrechen*, in der er die Verwendung von Ornament und Dekor geißelte und als überflüssig bezeichnete.

Für den Mediziner Hans Martin Sutermeister stellte das Ornament eine Erholungsregression dar: Das „Zauberische am Ornament" beruhe „auf seiner sich durch Wiederholung summierenden *affektiven resp. suggestiven* Wirkung, die dadurch bedingt ist, daß ... rhythmische Außenreize vermehrt auf [die] Tiefenschichten unserer Psyche einzuwirken pflegen."[1] Das Ornament kann somit, ähnlich wie bei rhythmischer Musik, benutzt werden, um den Betrachter (oder Hörer) zu beeinflussen.

Besondere Ornamente

- Akanthusblatt
- Bandelwerk
- Beschlagwerk
- Bukranion
- Eierstab
- Festons
- Flechtband
- Fleuron
- Gitterwerk
- Knorpelwerk
- Knotenmuster
- Labyrinth
- Laufender Hund
- Lebensbaum
- Mäander bzw. *Doppelmäander*
- Millefleurs
- Palmette
- Régence
- Rocaille
- Rollwerk
- Schweifwerk* Teigwerk

Siehe auch

- Fries
- Anthemion
- Akroterion
- Knotenmuster
- Parerga

Literatur

- Günter Bandmann: *Ikonologie des Ornaments und der Dekoration.* In: *Jahrbuch der Ästhetik und allgemeinen Kunstwissenschaft.* 4, 1958/59.
- Günter Irmscher: *Kleine Kunstgeschichte des Europäischen Ornaments seit der Frühen Neuzeit (1400–1900).* Wissenschaftliche Buchgesellschaft, Darmstadt 1984, ISBN 3-534-08819-0.
- Frank-Lothar Kroll. *Das Ornament in der Kunsttheorie des 19. Jahrhunderts.* Georg Olms Verlag, 1987. ISBN 9783487078366
- Franz Sales Meyer: *Handbuch der Ornamentik.* Seemann, Leipzig 1927, Nachdr. Seemann, Leipzig 1986.
- Auguste Péquégnot: *Ornamente im Laufe der Jahrhunderte.* 150 Ornamentstiche von der Renaissance bis zum Biedermeier, Paris 1875, Nachdruck: Wuppertal 1976.
- Karl Scheffler: *Meditationen über das Ornament.* In: *Dekorative Kunst.* Nr. 8, 1901, S. 397–407 (Webrepro [2]).
- Hans Martin Sutermeister. "Das Ornament." In: ______. *Von Tanz, Musik und andern schönen Dingen: Psychologische Plaudereien.* Bern: Verlag Hans Huber, 1944. Seiten 59-68.
- Claudia Weil, Thomas Weil: *Ornament in Architektur, Kunst und Design.* Callwey Verlag, München 2006, ISBN 3-7667-1619-0.
- *Zauber des Ornaments.* Ausstellungs- u. Bestandskatalog des Kupferstichkabinetts des Staatl. Mus. zu Berlin, Berlin 1969.
- *Wien 1900: Kunst und Kultur. Fokus der europäischen Moderne.* Christian Brandstätter, Deutscher Taschenbuch Verlag (1. Mai 2006)

Einzelnachweise

[1] Hans Martin Sutermeister. "Das Ornament." In: ______. *Von Tanz, Musik und andern schönen Dingen: Psychologische Plaudereien.* Bern: Verlag Hans Huber, 1944. S.59.

[2] http://www.tu-cottbus.de/theoriederarchitektur/D_A_T_A/Architektur/20.Jhdt/SchefflerK/Scheffler_Meditationen.htm

Weblinks

- Weltweit umfangreichste Datenbank für Ornamentstiche (http://www.ornamentalprints.eu/sdb/do/start.state) (MAK, Wien; UPM, Prag; und Kunstbibliothek Berlin)
- *SYMMETRY AND ORNAMENT* (http://www.emis.de/monographs/jablan/), engl. und sehr mathematisch
- Geometrische Ornamente aus der Architektur Indiens (von Dr. Bernhard Peter) (http://www.kultur-in-asien.de/Muster/muster.htm)
- Helmut Pfotenhauer, Klassizismus als Anfang der Moderne? Überlegungen zu Karl Philipp Moritz und seiner Ornamenttheorie (http://www.goethezeitportal.de/index.php?id=1787)
- Klaus Heitmann: Ornament ein Verbrechen? (http://klheitmann.com/2008/01/30/ornament-ein-verbrechen/)
- Ornament: Theorie und Konstruktion (http://www.ornamentik.de/)
- Die Macht des Ornaments. Die Kuratorin Sabine B. Vogel über das Ornament in der zeitgenössischen Kunst. Video anlässlich der Ausstellung im Belvedere. (Video von CastYourArt) (http://www.castyourart.com/2009/01/28/belvedere-orangerie-wien-ausstellung-ornament/)

Fresko

Die **Fresko-** oder **Frischmalerei** (it.: *al fresco, affresco* „ins Frische") ist eine Form der Wandmalerei, bei der die nur in Wasser gelösten Pigmente auf den frischen Putz aufgetragen werden. Beim Carbonatisierungsprozess des Kalkes werden dann die Pigmente sehr stabil in den Putz eingebunden, Fachleute nennen diesen Vorgang auch Einsinterung. Das fertige Wand- oder Deckenbild wird sächlich (das) *Fresko* oder weiblich (die) *Freske* genannt. Der ausführende Künstler wird als *Freskenmaler* oder *Freskant* bezeichnet.

Kuppelfresko der Wieskirche – Johann Baptist Zimmermann (1745–1754)

Die Bezeichnung Fresko hat sich umgangssprachlich für Wandmalereien jeder Art eingebürgert, so dass sie im normalen Sprachgebrauch oft ebenso für im Gegensatz zur feuchten *al fresco*-Ausführungsweise auch für trocken (*al secco*) mit Tempera-, Öl- oder Acrylatfarben ausgeführte Malereien verwendet wird. Selbst an Wandflächen applizierte Leinwandmalereien werden fälschlicherweise, auch in der Fachliteratur, als Fresken bezeichnet.

Maltechnik

Bei der *Al-fresco*-Malerei werden kalkechte Farbpigmente in Wasser oder Kalkwasser angerührt und auf den noch frischen, also feuchten Kalkputz (Intonaco) aufgetragen. Beim Abbinden (Trocknen, Festwerden) entsteht eine homogene Kalkputzschicht mit eingearbeiteten Farbpigmenten. Diese Reaktion nennt man Carbonatisierung. Die hierdurch entstehende Schutzschicht um die einzelnen Farbpigmente verbindet sich sehr stabil mit der Unterschicht und erhält die Farbintensivität der Pigmente für Jahrtausende. Dass der Putz *feucht* ist, heißt nicht, dass er erst an *diesem* Tag angefertigt wird. Für die bedeutenden Werke der Kunstgeschichte wurde der Sumpfkalk über Jahrzehnte in Wassergruben gelagert, damit der Hydrationsprozess des ungelöschten Kalks möglichst weit fortschreiten konnte. Frisch angerührter Löschkalk ist für die Freskomalerei nahezu unbrauchbar. Je länger die Ablagerung dauert, desto cremiger und somit besser ist die Konsistenz des Werkstoffes (ungelöschter Kalk CaO + Wasser H_2O = Calciumhydroxid $Ca(OH)_2$, siehe auch Kalkkreislauf). Gleichzeitig bildet sich eine dünne Schutzschicht oder Sinterhaut, die das Fresko "versiegelt" und ihm einen seidigen Glanz -sein entscheidendes Erkennungsmerkmal- verleiht.

Deckenfresko im *Alten Peter*, München

Die Farbe kann nicht wie bei der so genannten Seccomalerei (Wandmalerei auf der trockenen Wand) abblättern. Die Technik ist aufwändiger und schwieriger, da Putz und Farbe jeweils am selben Tag aufgetragen werden müssen und es keine Möglichkeit der Korrektur gibt.

Einzelne Motive des Gesamtfreskos werden jeweils an einem Tag bearbeitet, das so genannte *Tagwerk (giornata)*. Deren Umrisse werden in Originalgröße auf einen Karton vorgezeichnet und von diesem mit einem spitzen Griffel auf die noch feuchte Wand gepaust. Der Putz des nächsten Tages muss ganz vorsichtig bis an den bereits eingefärbten Putz des Vortages herangebracht werden, um das bestehende Werk nicht zu zerstören. Die dadurch entstehenden Stöße zwischen den einzelnen Tagewerken sind bei Streiflicht gut zu erkennen.

Geschichte

Beliebt war die Freskomalerei in der Antike. Gut erhaltene Beispiele römischer Fresken finden sich in Pompeji (z.B. in der Mysterienvilla) und Herculaneum.

Im Mittelalter wurde seit Giotto gerne mit einer Mischtechnik von fresco und secco gearbeitet. Gut erhaltene Beispiele finden sich in der Cappella degli Scrovegni in Padua und in der Basilika San Francesco in Assisi.

Judaskuss von Giotto di Bondone in der Cappella degli Scrovegni

In der Renaissance und im Barock wird dann fast ausschließlich wieder „al fresco" gearbeitet. Berühmte Beispiele hierfür sind die Sixtinische Kapelle mit dem bedeutendsten Freskenzyklus des Abendlandes von Michelangelo, diejenigen von Raffael im Vatikan und Domenico Ghirlandaios Fresco Die Geburt Mariä in der Kirche Santa Maria Novella in Florenz.

Bei Maßnahmen der Denkmalpflege und der Restaurierung werden häufig Fresken von der Wand abgelöst und auf einem neuen Bildträger angebracht.

Das größte Fresko der Welt (677 m²) befindet sich im Treppenhaus der Würzburger Residenz und wurde in den Jahren 1752 bis 1753 von Giovanni Battista Tiepolo gemalt. Als größter profaner Freskenbestand des Mittelalters gilt die zwischen 1390 und 1410 erfolgte Ausmalung von Schloss Runkelstein bei Bozen, die höfische Szenen und literarische Stoffe umfasst.[1]

St. Prokulus, Naturns

Die wahrscheinlich ältesten Fresken im deutschsprachigen Raum finden sich in der St. Prokulus-Kirche, Naturns, in Südtirol. [2]

Literatur

- Kurt Wehlte: *Wandmalerei. Praktische Einführg in Werkstoffe und Techniken.* Maier, Berlin 1938.
- Kurt Wehlte: *Werkstoffe und Techniken der Malerei.* Otto Maier, Ravensburg 1967 (auch: Englisch u. a., Wiesbaden 2009, ISBN 978-3-86230-003-7).
- Sivia Spada Pintarelli: *Fresken in Südtirol.* Aufnahmen von Mark E. Smith. Hirmer Verlag, München 1997, ISBN 3-7774-7380-4.

Weblinks

- www.wandmalerei-restaurierung.de: Restaurierung und Konservierung von historischer Wandmalerei [3]

Einzelnachweise

[1] http://www.runkelstein.info/runkelstein_de/geschichte.asp

[2] Walter Pippke, Ida Pallhuber: *Du Mont Kunst-Reiseführer Südtirol*, Köln 1992, ISBN 3-7701-1188-5

[3] http://www.wandmalerei-restaurierung.de/

Zikkurat

Eine **Zikkurat**, auch *Ziqqurrat*, *Zikkurrat*, *Ziggurat* oder *Schiggorat* (babylonisch „hoch aufragend/aufgetürmt, Himmelshügel, Götterberg“; Plural: Zikkurate), ist ein gestufter Tempelturm in Mesopotamien. Die biblische Überlieferung des Turmbaus zu Babel geht wahrscheinlich auf einen solchen Bau zurück. Der sumerische Bericht, der die „Sprachenverwirrung“ beinhaltet, war den Juden aus dem babylonischen Exil bekannt.

Choghazanbil Ziggurat, Iran

Entstehung

Die Entstehung der Zikkurate aus der früheren Tempelterrasse gilt zum Teil heute noch als erwiesen. Spätere Formen von Tempelterrassen bestanden jedoch neben den Zikkuraten weiter. Die Zikkurat scheint eine elamitische Entwicklung zu sein. Ausgrabungen in der südöstlichen Gegend des Iran in der Provinz Kerman brachten in einer dort entdeckten Siedlung zwei Hügel/Terrassen (*Konar Sandal A* und *B*) ans Tageslicht, bei denen es sich bei *Sandal B* um eine Zikkurat-Anlage aus der ersten Hälfte des dritten Jahrtausends gehandelt haben dürfte. [1]

Verbreitung

Ungefähr 25 Ruinenstätten lassen sich in Babylonien nachweisen. Die am besten erhaltene Zikkurat (Zikkurat des Mondgottes Nanna) befindet sich in Ur auf dem Gebiet des heutigen Irak. Die Architektur von Zikkurat ist am besten an der Zikkurat der kassitischen Residenzstadt Dur Kurigalzu nachvollziehbar, wo sich ein Zikkuratkern besonders gut erhalten hat.

Auch im benachbarten Elam wurden Zikkurate erbaut, die sich dadurch von den sumerisch-babylonischen unterschieden, dass sie durch Innentreppen erschlossen wurden. Auch bautechnisch gibt es einige Besonderheiten. Der älteste Bau steht in Tschoga Zanbil und hat heute eine Resthöhe von 25 m (einstmals um 50 m) und eine Seitenlänge von 105 m.

Merkmale

Die Gemeinsamkeiten, die alle Zikkurate (in Babylonien, Assyrien und Elam) zeigen, sind die Stufenform (zwei oder mehr solcher Stufen, sich nach oben jeweils verkleinernd) sowie ihre beiden Hauptbaukörper bestehend aus:

Mantel (Backsteine) und Kern (ungebrannte luftgetrocknete Lehmziegel mit Strohmattenlagen).

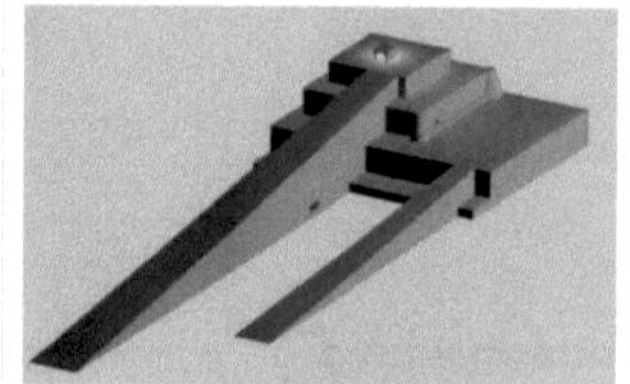

Schema des Zikkurattempels von Sialk

Ob jeweils ein Tieftempel sowie ein Hochtempel existierten, lässt sich heute nur noch schwer nachweisen. Zumindest aber in Babylon und Borsippa erscheint die Existenz einer solchen Zweiteiligkeit des Heiligtums zumindest seit der spätbabylonischen Zeit nachgewiesen.

- Babylon: Etemenanki (Hochtempel)- Esagila (Tieftempel)
- Borsippa: Euriminanki (Hochtempel) - Ezida (Tieftempel)

Zumindest bei diesen beiden Bauten scheint es sich im Fall des Hochtempels nicht um einen eigenen Tempel auf der Spitze des Turmes zu handeln, sondern um einen „aufgeklappten" Tieftempel, der vertikal alle Einzelheiten, die auch zur ebenen Erde existierten, widerspiegelt. Somit befindet sich an der Spitze des Turmes lediglich das „Allerheiligste" (Cella).

An den hauptsächlich rechteckigen südbabylonischen Zikkuraten wurde meist eine zentrale Mitteltreppe nachgewiesen. Zusätzliche beidseitige seitliche Treppenaufgänge, an die Mitteltreppenkonstruktion angelehnt, bestanden ebenfalls. Die zeitliche Einordnung gerade dieser Hauptmerkmale erweist sich zum Teil als unmöglich, da ebendiese zu allen Zeiten neu überbaut wurden.

Standorte

- Ur: Zikkurat des Mondgottes Nanna
- Uruk: Zikkurat des Gottes An
- Babylon: Etemenanki
- Tschoga Zanbil: Dur-Untash
- Borsippa: Birs Nimrud
- Assur: Anu-Adad-Tempel, eine Doppelzikkurat

Futuristische Art der Zikkurat

Dubai plant gegenwärtig unter der Bezeichnung *Zikkurat* die Entwicklung einer neuen Art von riesiger Wohnpyramide. Federführend ist die in Dubai angesiedelte Firma für Umweltdesign *Timelink*.[2]

Siehe auch

- Cikkurat

Literatur

- Wilfried Allinger-Csollich: *Birs Nimrud I. Die Baukörper der Ziqqurat von Borsippa, ein Vorbericht.* In: *Baghdader Mitteilungen* 22, 1991, ISSN 0418-9698 [3], S. 383–499.
- Wilfried Allinger-Csollich: *Birs Nimrud II. „Tieftempel" – „Hochtempel". Vergleichende Studien Borsippa-Babylon.* In: *Baghdader Mitteilungen* 29, 1998, ISSN 0418-9698 [3], S. 95–330.
- Hansjörg Schmid: *Der Tempelturm Etemenanki in Babylon.* von Zabern, Mainz 1995, ISBN 3-8053-1610-0 (*Baghdader Forschungen.* 17).

Weblinks

- Zikkurat [4] (Englisch)
- Zikkurat von Babel [5] (Englisch)

Einzelnachw. u. Anm.

[1] Volkert Haas und Heidemarie Koch: *Religionen des Alten Orients / Band I / Hethiter und Iran*, Grundrisse zum Alten Testament, Vandenhoeck & Ruprecht, Göttingen, 2011, S. 25-28

[2] Das Zikkurat-Projekt in Dubai (englisch) (http://www.sensational-adelaide.com/forum/viewtopic.php?f=18&t=1938)

[3] http://dispatch.opac.d-nb.de/DB=1.1/CMD?ACT=SRCHA&IKT=8&TRM=0418-9698

[4] http://www.crystalinks.com/ziggurat.html

[5] http://www.bible-history.com/babylonia/BabyloniaThe_Ziggurat.htm

Ištar

Ištar (𒀭𒈹 , Ischtar, ^{d}IM, akkadisch MUŠ, Ištar) war eine mesopotamische Planetengöttin und wurde auch als Göttin des sexuellen Begehrens, des Krieges und der Prostitution verehrt. Sie verkörperte den Planeten Venus und war die Tochter Sins und Schwester von Šamaš. Dietz-Otto Edzard hält sie für die hervorragendste, aber „wegen ihrer vielfältigen und vielschichtigen Gestalt am schwierigsten zu erfassende Göttin des sumerischen und akkadischen Pantheons“[1] . Für Rivkah Harris verkörpert Ištar zwei Quellen potentieller Unordnung und von Gewalt: Sex und Krieg[2] .

Name

Claus Wilcke führt den akkadischen Namen Ištar auf den gemeinsemitischen Namen ʻAṯtar zurück.[3] Die namentliche Pluralform *ištaratu* bezeichnete den Begriff der Weiblichkeit.

Sternsymbol der Ištar von einem kudurru des Meli-Šipak

Babylonien

Ištar war die wichtigste babylonische Göttin. Sie wurde sowohl als Morgen- als auch als Abendstern verehrt. Ištar in männlicher und weiblicher Form auftreten[4] . Ihr Symboltier ist der Löwe, und eines ihrer Ephiteta ist *labbatu*, Löwin[5] . Ein weiteres mit Ištar assoziiertes Tier ist der Schakal, eine Hymne verkündet: „Ein Schakal auf Lämmerjagd bist du!“[6] . Ihre göttlichen Dienerinnen waren Ninatta, Kulitta, Sintal-irti und [H]amrazunna, ihre „letzten“ Dienerinnen Ali, Halzari, Taruwi und Šinanda-dukarni.[7]

Ischtar-Tor im Pergamon-Museum in Berlin

Im Vorderasiatischen Museum (Pergamonmuseum) in Berlin ist das Ischtar-Tor, eines der Tore Babylons, mit der darauf zulaufenden Prozessionsstraße zu besichtigen. Deren Wände sind auf jeder Seite mit 60 Löwen, den Symboltieren der Ištar, verziert.

Ikonographie

Ištars Symbol ist der achtzackige Stern, sie wird oft auf einem Löwen stehend abgebildet. Als Kriegsgöttin wird sie bärtig dargestellt, oft mit einem Sichelschwert in der Hand, als Göttin des sexuellen Begehrens hält sie ihr Gewand hoch ("seilspringende Göttin") oder umfasst mit den Händen die Brüste.

Ein unfertiges neubabylonisches Kalksteinrelief zeigt Ištar auf einem Löwen.[8] Sie trägt ein Sichelschwert in der einen Hand, Ring und Stab als Königssymbol in der anderen und hat eine hohe zylindrische Mütze auf dem Haupt.

Detailansicht eines Löwen, Symbol der Göttin Ischtar, an der Prozessionsstraße zum Ischtar-Tor

Assyrien

Auch in Assyrien war Ištar als Ištar-Aššuritu eine der wichtigsten Göttinnen. Sie galt als Gründerin von Ninive und Gattin von Aššur. Bereits in altassyrischer Zeit hatte Ištar einen wichtigen Tempel in Aššur.[9] .

Istarhymnen

Der Ištarhymnus *Šu-illa* (wie alle mesopotamischen Hymnen und Epen unter seiner Anfangszeile bekannt) ist am vollständigsten in einer neubabylonischen Version aus Uruk belegt.[10] Neben dem eigentlichen Gebetstext enthält die überlieferte Version Anweisungen, wie und mit welchen Ritualen er vorzutragen ist.[11]

Aus Boğazköy ist eine Keilschrifttafel bekannt[12] die einen Text aus der Mitte des 2. Jahrtausends enthält, der vielleicht ein Vorläufer der Hymne *Šu-illa* ist.[13]

Geflügelte Ištar von der Ištar-Vase aus Larsa

In ihm wird Ištar die Göttin aller Göttinnen genannt, die Herrin aller Häuser, die Führerin des Menschengeschlechts, die größer ist als alle anderen Götter. Ihr Wort ist stark, und ihr Name ist stark. Als himmlische Tochter des Sin erleuchtet sie Himmel und Erde. Anu, Enlil und Ea haben ihr große Macht verliehen. Sie trägt Waffen und ordnet die Schlachtordnung, sie ist die klügste unter den großen Göttern (*igigu*). Sie ist der Stern des Schlachtrufs und kann Bruder gegen Bruder kehren, den Freund gegen den Freund. Sie ist die Herrin der Schlacht, und sie wirft sich den Bergen entgegen. Wenn ihr Name genannt wird, erbeben Himmel und Erde. Alle Menschen verehren ihren Namen, nirgends ist ihr Kult unbekannt. Sie entscheidet mit Gerechtigkeit, sie sieht mit Gnade auf die Unterdrückten und Misshandelten und lässt ihnen Gerechtigkeit widerfahren. Sie läuft schnell, sie hält die Zügel der Könige und öffnet die Schleier der Frauen. Sie ist die leuchtende Fackel des Himmels und der Erde, das Licht aller Behausungen, das Feuer, das gegen den Feind strahlt. Mit ihrer Gnade wird der Sterbende wieder gesund, steht der Kranke wieder auf, wer ungerecht behandelt wurde, findet Wohlstand, wenn er sie erblickt. Sie ist die Göttin der Männer und der Frauen. Ihr Herz ist ein rasender Löwe, ihr Gemüt ein wilder Bulle. Der Gläubige betet darum, dass sich

Ištars wildes Gemüt beruhigen möge, sie möge beständig mit Gnade auf ihn sehen, ihr süßer Atem möge ihm zuwehen, er möge in ihrem Licht wandeln. Sie möge ihn am Leben erhalten.

Auf einer weiteren Keilschrifttafel aus Bogazköy[14] wird ein Haushalt beschrieben, dem Ištar gnädig ist: Die Bewohner des Haushaltes verrichten ihre Arbeit unter Gelächter, sie sorgen mit Freude für ihr Haus. Die jungen Gattinnen leben in Eintracht und weben unermüdlich, die Söhne des Hauses leben in Eintracht und pflügen Morgen um Morgen des Feldes. In einem Haushalt dagegen, dem Ištar nicht gnädig ist, wird die Hausarbeit mit Stöhnen und unter Leiden erledigt. Die jungen Bräute streiten sich, sie weben nicht länger in Eintracht, sondern die eine zieht die andere an den Haaren. Die Brüder sind verfeindet, und sie pflügen nicht länger Morgen um Morgen des Feldes, das Korn wird nicht länger gemahlen ... so wie das Schwein nicht mit dem Hund auskommt... [Rest schlecht erhalten].[15]

Beinamen und spezifische Stadtgötter

- Gušea (^{d}Gu-se-e-a)
- Irninītu (^{d}Ir-ni-ni-i-t)
- Die kriegerische Ištar von Arbela ähnelt eher der Šawuška als der babylonischen Ištar[16] .
- Die Ištar von Niniveh ist seit altbabylonischer Zeit belegt, so aus Texten aus Mari und Rima[17] . Sie war auch eine Heilgöttin, wie das Gebet des Assurbanipal zeigt.
- Die Ištar von Subartu entspricht der hurritischen Šawuška.

Ištarrelief aus Ešnunna

Mythen

In den meisten akkadischen Mythen gelingt es Ištar, meist unter Einsatz ihrer Sexualität, sich da durchzusetzen, wo andere Götter scheitern. Lediglich gegen ihre Schwester Ereškigal, die Herrin der Unterwelt (*Ištars Fahrt in die Unterwelt* auch *Ištars Höllenfahrt*, die auf das sumerische Epos von Inannas Gang in die Unterwelt zurückgeht) versagt sie. Auch den Steindämonen Ullikummi, der weder sehen noch hören kann, kann sie nicht bezirzen.

Gleichsetzungen

- sumerische Inanna
- hurritische Göttin Šauška[16]
- hethitische Pirinkir[18]

Moderne Rezeption

Viktor Pelevin greift den Ischtarmythos in seinem Roman „Generation P" (1999) auf. Abraham Merritt versetzte in seinem Roman *The Ship of Ishtar* einen modernen Menschen in die akkadische Götterwelt.

In Neil Gaimans The Sandman – Brief Lives wird Ištar als Gottheit beschrieben (gleichzeitig auch Astarte sowie Dumuzis Schwester Belili). Diese arbeitet auf Grund des Mangels an religiöser Verehrung, die für Götter überlebenswichtig ist, in einem Stripclub (mit der Begründung „even a little worship is better than nothing", dt.: „ein wenig Verehrung ist besser als gar nichts"). Thematisiert werden im Zusammenhang mit und durch Ištar unter anderem Tempelprostitution und die Auswirkungen eines Matriarchats.

Zudem taucht die Göttin Ischtar im Horrorfilm *Blood Feast* von Herschell Gordon Lewis auf, der 1963 als erster Splatterfilm überhaupt in die Kinos kam und 2002 mit *Blood Feast 2 – All You Can Eat* durch denselben Regisseur fortgesetzt wurde. In den Filmen tötet ein ägyptischer Caterer junge Frauen für ein Festmahl, um die Göttin Ištar wieder zum Leben zu erwecken.

1987 wurde mit Dustin Hoffman, Warren Beatty, Haluk Bilginer und Isabelle Adjani in den Hauptrollen ein Film mit dem Titel *Ishtar* gedreht. Er erntete äußerst schlechte Kritiken und konnte seine Produktionskosten bei weitem nicht einspielen.

Sonstiges

Der zweite kleinere Kontinent auf dem Planeten Venus erhielt den Namen Ištar Terra.

Siehe auch

- Aṣu-šu-namir
- Sumerische Religion
- Astarte/Ashtaroth
- Mylitta

Literatur

- G. Barton: *The Semitic Istar Cult*. Hebraica 9, 1893, 131–165.
- G. Barton: *The Semitic Istar Cult (continued)*. Hebraica 10, 1893, 1–74.
- Dietz Otto Edzard: *Mesopotamien. Die Mythologie der Sumerer und Akkader*. In: H. W. Haussig (Hrsg.), *Wörterbuch der Mythologie*, ed. (Stuttgart: Klett, 1962), 1, 86–89.
- Helmut Freydank u. a.: *Lexikon Alter Orient. Ägypten * Indien * China * Vorderasien*. VMA-Verlag, Wiesbaden 1997 ISBN 3-928127-40-3.
- Brigitte Groneberg: *Die Götter des Zweistromlandes. Kulte, Mythen, Epen*. Artemis & Winkler, Stuttgart 2004 ISBN 3-7608-2306-8.
- Rivkah Harris: *Inanna-Ishtar as Paradox and a Coincidence of Opposites*. History of Religions 30/3, 1991, 261–278.
- N. Na'aman: *The Ishtar Temple at Alalakh*. Journal Near Eastern Studies 39, 1980, 209–214.
- Nanette B. Rodney: *Ishtar, the Lady of Battle*. The Metropolitan Museum of Art Bulletin NS 10/7, 1952, 211–216.
- Wolfram von Soden: Zwei Königsgebete an Ištar aus Assyrien. *AfO 77, 1974, 36–49.*
- Claus Wilcke: *Inanna-Ishtar (Mesopotamien). A. Philologisch*. In: In Erich Ebeling, Bruno Meissner (Hrsg.), *Reallexikon der Assyriologie*. (Berlin: de Gruyter, 1976) Band 5, 74–87.

Weblinks

- The Assyro-Babylonian Mythology FAQ [19]

Einzelnachweise

[1] Dietz-Otto Edzard, „Mesopotamien: Die Mythologie der Sumerer und Akkader. In: H. W. Haussig (Hrsg.), Wörterbuch der Mythologie (Stuttgart, Klett 1962), 1, 81

[2] Rivkah Harris, Inanna-Ishtar as Paradox and a Coincidence of Opposites. History of Religions 30/3, 1991, 270

[3] C. Wilcke, „Inanna-Ishtar“. In: Erich Ebeling/Bruno Meissner (Hrsg.), Reallexikon der Assyriologie. (Berlin: de Gruyter, 1976) Band 5, Seite 75

[4] Rivkah Harris, Inanna-Ishtar as Paradox and a Coincidence of Opposites. History of Religions 30/3, 1991, Anm. 29; Anm. 36; Anm. 49; 268-270

[5] Rivkah Harris, Inanna-Ishtar as Paradox and a Coincidence of Opposites. History of Religions 30/3, 1991, 272

[6] Morris Jastrow, Die Religion Babyloniens und Assyriens, Band 1, Gießen 1905, S. 530

[7] Hans Gustav Güterbock, A Hurro-Hittite Hymn to Ishtar. Journal of the American Oriental Society 103/1, 1983 (Studies in Literature from the Ancient Near East, by Members of the American Oriental Society, dedicated to Samuel Noah Kramer) 156

[8] Nanette B. Rodney, Ishtar, the Lady of Battle. Metropolitan Museum of Art Bulletin NS 10/7, 1952, 212

[9] Werner Andrae, Die archaischen Ischtar-Tempel in Assur. Leipzig: Hinrichs 1922

[10] AO 6461; Bruno Ebeling, Die Akkadische Gebeteserie „Handerhebung“ (VIOF 20, 1953, 130 ff.

[11] E. Reiner/Hans Gustav Güterbock, The Great Prayer to Ishtar and its two Versions from Boğazköy. Journal of Cuneiform Studies 21, 1967, Special Volume Honoring Professor Albrecht Goetze, 256

[12] KUB XXXI, 141 hethitisch bzw. KUB XXXVII, 36 (+) 37 in akkadisch

[13] E. Reiner/Hans Gustav Güterbock, The Great Prayer to Ishtar and its two Versions from Boğazköy. Journal of Cuneiform Studies 21, 1967, Special Volume Honoring Professor Albrecht Goetze, 255–266

[14] KUB XXIV, 7

[15] Hans Gustav Güterbock, A Hurro-Hittite Hymn to Ishtar. Journal of the American Oriental Society 103/1, 1983 (Studies in Literature from the Ancient Near East, by Members of the American Oriental Society, dedicated to Samuel Noah Kramer), 156–157

[16] Ursula Seidl, The Urartian Istar-Sawuska. In: Altan Çilingiroğlu/G. Darbyshire (Hrsg.), Anatolian Iron Ages 5, Proceedings of the 5th Anatolian Iron Ages Colloquium Van, 6.-10. August 2001. British Institute of Archaeology at Ankara Monograph 3 (Ankara 2005) 169

[17] Stephanie Dalley, Old Babylonian Tablets from Nineveh; and possible Pieces of Early Gilgamesh Epic. Iraq 63, 2001, 156

[18] Gary Beckman, Ištar of Nineveh reconsidered. Journal of Cuneiform Studies 50, 1998, 1

[19] http://www.myths.com/pub/myths/assyrbabyl-faq.html

Kar-Tukulti-Ninurta

Koordinaten: 35° 29′ 45″ N, 43° 16′ 10″ O [1]

Kār-Tukulti-Ninurta (*Hafen des Tukulti-Ninurta*) war kurzzeitig Hauptstadt von Assyrien. Sie wurde von Tukulti-Ninurta I. nach seinem Sieg über Babylon auf jungfräulichem Boden gegründet und mit Kriegsgefangenen, u.a. aus Babylonien und Nairi, erbaut.

Irak

Die Stadt war quadratisch, mit einer Seitenlänge von ca. 800 m, wobei die Westseite durch den Tigris gebildet wurde, und hatte vier Tore. Die Stadt war durch eine Mauer, die parallel zum Tigris verlief, in zwei Quartiere aufgeteilt. Ein Kanal stellte die Versorgung mit Süßwasser sicher. Sie enthielt mindestens einen Palast (*é-gal me-šár-ra*) und einen Assurtempel (*é-kur me-šár-ra*) mit einer Ziggurat. Tukulti-Ninurta hatte die Stadt als Kultzentrum für Aššur geplant und brachte - einmalig in der assyrischen Geschichte - die Statue des Gottes aus Assur hierher. Dies wurde jedoch unter seinen Nachfolgern rückgängig gemacht und das Sakrileg, das vielleicht zur Ermordung des Herrschers führte, nie wiederholt.

Es wird meist angenommen, dass die Stadt nach dem Tod ihres Erbauers verlassen wurde, doch sind auch Funde aus der Zeit von Tiglat-pileser I. bekannt.

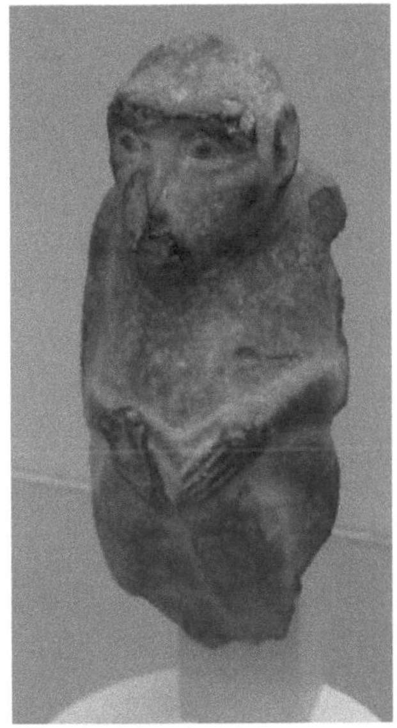

Figur eines Affen aus Kar-Tukulti-Ninurta

Gründungsinschrift

Auf Alabastertafeln, die sich in Aššur und in Kār-Tukulti-Ninurta fanden, wird von der Gründung der Stadt berichtet:

> „Zu dieser Zeit verlangte der Gott Aššur von mir ein neues Kultzentrum auf dem Ufer gegenüber meiner Stadt, das gewünschte Objekt (?) der Götter und er selbst befahlen mir, sein Heiligtum zu bauen. Auf Befehl des Gottes Aššur, dem Gott, der mich liebt, erbaute ich vor meiner Stadt Aššur, eine Stadt für den Gott Aššur auf dem gegenüberliegenden Ufer, neben dem Tigris, in unkultiviertem Land und in Wiesen, wo weder ein Haus noch eine Behausung war, wo keine Ruinenhügel oder Geröll sich gesammelt hatten und wo keine Ziegel ausgelegt waren. Ich nannte sie Kar-Tukulti-Ninurta. Ich schnitt gerade wie eine Schnur durch die felsigen Berge, ich säuberte mit Steinmeißeln einen Weg durch die schwierigen Berge, ich schnitt einen Weg für einen Fluss, der das Leben im Land unterstützt und der Wohlstand bringt und ich formte die Ebenen meiner Stadt zu bewässerten Feldern. Ich arrangierte regelmäßige Opfer für Assur und die großen Götter, meine Herren in Dauer von den Produkten des Kanalwassers. Zu dieser Zeit baute ich in meiner Stadt Kar-Tukulti-Ninurta das Kultzentrum, das ich kontruiert habe, einen heiligen Tempel, ein wunderbares Heiligtum als Wohnort des Gottes Aššur, mein Herr. Ich nannte es *é-kur me-šár-ra*. Darin vollendete ich eine große Ziggurat als den kultischen Sitz des Gottes Aššur, meines Herrn, und deponierte (dort) meine Stele.[2] “

Das Stadtgebiet

Die Stadt war in der Mitte durch eine Mauer in zwei Teile geteilt. Alle bisher ausgegrabenen öffentlichen Gebäude fanden sich in der Westhälfte, die am Tigris liegt. Die Funktion dieser Zweiteilung ist unsicher. In der östlichen Hälfte wurden an der Oberfläche kaum Funde beobachtet, so dass es den Anschein hat, dass dieser Teil der Stadt nie oder zumindest nur sehr dünn besiedelt war. Wirkliche Aufschlüsse können nur Grabungen erbringen. Verschiedene Szenarien können vermutet werden. Vielleicht war dieser Teil der Stadt für Felder und Weiden vorbehalten. Vielleicht sollte dieses Stadtgebiet aber auch besiedelt werden und es kam wegen des Todes des Königs nie dazu.[3]

Im Norden, von der Ostseite, führte ein Kanal in die Stadt. Dieser verlief ca. 300 m Ost-West und knickte dann vor der Innenmauer nach Süden ab und verlief an deren Außenseite nach Süden entlang, um dann im Süden aus der Stadt wieder auszutreten.

Die Stadtmauer

Die Stadt war an mindestens drei Seiten von einer Mauer umgeben und hatte wahrscheinlich vier Tore. Nur das südliche Tor ist ausgegraben worden. Der Torbau bestand aus dem eigentlichen Eingang, der von zwei Türmen flankiert war, die wiederum elf Meter breit waren und 16 Meter vor der Mauer hervorstanden. Zwischen ihnen befand sich ein acht Meter breiter Zugang. Dahinter befand sich ein Torhof, der wiederum acht Meter breit und 15 Meter lang war. Er war wiederum von zwei etwas kleineren Türmen flankiert. Dieser Teil der Toranlage ragte vollständig in die Stadt hinein. Östlich anschließend befand sich ein Treppenhaus, durch das man sicherlich auf die Türme des Tores, aber auch auf die Mauer gelangen konnte. Die eigentliche Stadtmauer war etwa sieben Meter stark. In einem regelmäßigen Abstand von 24,5 Metern gab es Kavalierstürme, die fünf Meter breit waren.[4]

Die Stadt war in der Mitte von etwa Nord nach Süd durch eine weitere Mauer in zwei Teile unterteilt. Diese Mauer war 3,5 Meter dick und hatte im Abstand von 15,5 Metern Vorsprünge. Im Norden der Stadt befand sich auch ein großer ummauerter Hof, der etwa 100 Meter lang und etwa 80 Meter breit war, wobei er anscheinend an der Westseite nicht ummauert war. Die Mauer dieses Hofes oder Platzes war Teil der Binnenmauer. In der Mitte des Hofes stand ein Turm, dessen Funktion unbekannt ist. Alleinstehende Türme sind kaum in der mesopotamischen Architektur belegt.[5]

Der Aššurtempel

Der Bau des Tempels *é-kur me-šár-ra* nahm eine Fläche von etwa 53,3 auf 93 Meter ein und befand sich in etwa in der Mitte der westlichen Stadthälfte. Die Anlage bestand aus zwei Teilen. Im Westen befanden sich die Reste der Zikkurat und im Osten der *Tieftempel* mit einem großen Hof und diversen Räumlichkeiten darum. Der *Tieftempel* hatte die Maximalmaße von 51,8 mal 53,3 Meter. Die anschließende Ziggurat nahm eine Fläche von 30 mal 30 Meter ein. Der Innenhof des Flachtempels war 20 mal 17, 7 Meter groß. Zwei Tore, eines im Norden und eines im Osten, gewährten den Zutritt zu dem Tempel. Im Süden, gleich neben der Zikkurat, befand sich ein kleinerer Nebeneingang. Von den beiden Haupteingängen gelangte man jeweils in eine große, breite Halle, von der jeweils drei Tore in den Hof führten. Im Süden der Anlage gab es sechs etwas kleinere Räume. Im Westen, von Hof aus durch drei Tore zu erreichen, befand sich die Zella des Tempels. Sie hatte im unteren Teil einen Asphaltanstrich, war also schwarz, darüber waren die Wände rot gestrichen. Es gibt keine Anzeichen für irgendwelche aufgemalten Ornamente. An der Rückwand befand sich ein Podest mit einer Kultnische. Sie konnte über Treppen betreten werden. Die meisten Durchgänge im Tempel sind axial angelegt.

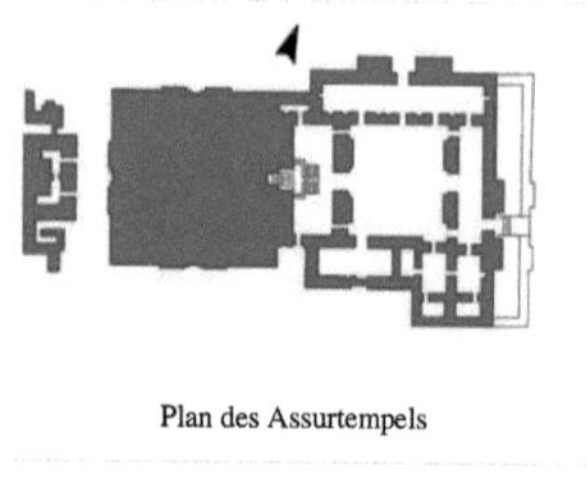

Plan des Assurtempels

Nur der Haupteingang im Osten ist nach Süden versetzt, so dass man von außen nicht direkt auf das Kultbild im Allerheiligsten schauen konnte. Die Zikkurat stand bei ihrer Auffindung noch teilweise acht Meter hoch an. Hier fand sich in einem Schacht eine Gründungsinschrift, die den Namen des Tempels und des Erbauers nennt. Durch diese Inschrift war die Identifizierung von Kar-Tukulti-Ninurta möglich. In westlicher Richtung hinter der Zikkurat stand ein freistehendes Treppenhaus, das wahrscheinlich einst durch eine Brücke mit der Zikkurat verbunden gewesen ist. Davon ist jedoch nichts mehr erhalten. Beim Tempel fanden sich zahlreiche Rosetten aus Fayence, die einst die Fassade oder die Innenräume geschmückt haben dürften. Der Tempel war wahrscheinlich nicht lange in Betrieb. Alle Türen sind vermauert worden. Ob dies kurz nach der Ermordung von Tukulti-Ninurta I. oder sogar schon vorher geschah, kann nicht gesagt werden.[6]

Der Südpalast

Der sogenannte Südpalast lag wie alle ausgegrabenen Bauten im Westteil der Stadt, etwa nordwestlich von dem Assurtempel. Der Palast stand einst auf einer aus Lehmziegeln errichteten Terrasse, die etwa 37 Meter breit und mindestens 75 Meter lang war. Die Reste des Baues standen bei der Ausgrabung noch teilweise mehr als zwölf Meter hoch an, jedoch konnte an keiner Stelle die Oberseite der Terrasse festgestellt werden. Eine Bauinschrift deutet an, dass sie einst vielleicht um die 18 Meter hoch gewesen ist. Die Außenseiten der Terrasse waren mit einer Nischengliederung dekoriert. Vor allem zur Flussseite hin ist die Terrasse stark abgetragen. Hier wird ein monumentaler Eingang vermutet, von dem aber nichts mehr erhalten ist. Von dem eigentlichen Palast, der auf der Terrasse stand, ist auch so gut wie nichts mehr erhalten. Bemerkenswert sind aber immerhin zahlreiche Fragmente von Wandmalereien, die zeigen, dass der Bau oder zumindest einzelne Räume prächtig geschmückt waren. Es fanden sich vor allem florale Motive, Tierszenen und Mischwesen, halb Mensch, halb Vogel. Ebenerdig und zum Palast gehörig fanden sich diverse Räume, deren Funktionszuordnungen jedoch unsicher sind.[7]

Fragment einer Wandmalerei aus Kar-Tukulti-Ninurta

Der Nordpalast

Der sogenannte Nordpalast stand in der Nordwestecke der Stadt, nahe am Tigris ungefähr 140 Meter nördlich vom Südpalast. Der Bau wurde aus Zeitmangel nur teilweise ausgegraben. Viele der Hallen und Räume wurden nicht bis zum Fussboden vom Schutt befreit, sondern es wurden die Mauern nur soweit freigelegt, bis der allgemeine Grundriss des Baues bekannt war. Die mächtigen Mauern des Baues standen bei der Ausgrabung teilweise noch bis zu acht Meter hoch an.

Im Norden befand sich der monumentale Eingang der Anlage, von dem man in einen Saal gelangte, wohinter sich wiederum ein Saal oder Hof und daran anschließend ein weiterer Saal oder Hof befanden. Im Nordosten schlossen sich weitere repräsentative Räume an, die jedoch nur zum Teil ausgegraben wurden. Der Palast mag sich nach Nordosten fortgesetzt haben. Im Südwesten fanden sich drei weitere Räume, darunter ein Treppenhaus. Die Funktion des Baues ist umstritten. Zunächst hielt man ihn für einen Tempel. Wahrscheinlich ist es jedoch ein Torbau mit repräsentativen Hallen und Höfen, die dann zu dem eigentlichen Palast, dem Südpalast, führten. Nachdem der Palast aufgegeben wurde, wurden zahlreiche Durchgänge vermauert. Wahrscheinlich kurze Zeit später sind Teile des Palastes in einfache Wohnquartiere umgebaut worden. Die Türvermauerungen wurden wieder aufgebrochen.[8]

Lage

Die Ruinen der Stadt liegen bei dem heutigen Ort Tulul al-ʿAqar unweit von Assur. Zu den bemerkenswertesten Funden gehört eine kleine steinerne Statue eines Affen.

Ausgrabungen

Die DOG-Expedition nach Assur grub hier fünf Monate zwischen 1913 und 1914 unter Leitung des Kunsthistorikers Walter Bachmann, der sich fast völlig auf die Architektur konzentrierte.

Einzelnachweise

[1] http://toolserver.org/~geohack/geohack.php?pagename=Kar-Tukulti-Ninurta&language=de¶ms=35.4958333333_N_43.2694444444_E_region:IQ_type:landmark
[2] A. Kuhrt: *The Ancient Near East, c. 3000-330 BC, Vol. I*, London, New York 1995 ISBN 0-415-16763-9 S. 357 - aus dem englischen übersetzt
[3] Eickhoff: *Kār Tukulti Ninurta*, S. 17
[4] Eickhoff: *Kār Tukulti Ninurta*, S. 10-24
[5] Eickhoff: *Kār Tukulti Ninurta*, S. 24-26
[6] Eickhoff: *Kār Tukulti Ninurta*, S. 27-31
[7] Eickhoff: *Kār Tukulti Ninurta*, S. 35-40
[8] Eickhoff: *Kār Tukulti Ninurta*, S. 40-45

Literatur

- Tilman Eickhoff: *Kār Tukulti Ninurta: Eine mittelassyrische Kult- und Residenzstadt.* Deutsche Orientgesellschaft Berlin: Mann, 1985. ISBN 3-7861-1384-X

Weblinks

- Plan des Tempels (http://www.arthistory.upenn.edu/spr03/422/April3/206.JPG)
- Wandmalereien (http://www.arthistory.upenn.edu/spr03/422/April3/207.JPG)
- Wandmalereien (http://www.arthistory.upenn.edu/spr03/422/April3/208.JPG)
- Wandmalereien (http://www.arthistory.upenn.edu/spr03/422/April3/209.JPG)
- Reinhard Dittmann: *Die inneren und äußeren Grenzen der mittelassyrischen Residenzstadt Kar-Tukulti-Ninurta/Nord-Iraq.* (http://darwin.bth.rwth-aachen.de/opus3/volltexte/2008/2157/pdf/Proceedings_Jansen_Michael_2.pdf#page=17) In: Michael Jansen, Peter Johanek (Hrsg.): *Grenzen und Stadt. Veröffentlichung der interdisziplinären Arbeitsgruppe Stadtkulturforschung, Aachen 1997, S. 95–110*

Lapislazuli

Lapislazuli, auch *Lapis Lazuli* (*Lapis lazuli*), *Lasurstein* oder kurz *Lapis* genannt, ist ein blauglänzendes Mineralgemisch, das je nach Fundort aus unterschiedlichen Anteilen der Minerale Lasurit, Pyrit, Calcit, sowie geringeren Beimengungen an Diopsid, Sodalith und anderen bestehen kann. Als feste, natürlich auftretende, mikroskopisch heterogene Vereinigung von Mineralen gehört Lapislazuli definitionsgemäß eher zu den Gesteinen und wird teilweise auch als solches bezeichnet.[1] [2] [3]

Lapislazuli-Gesteinsblock

Etymologie und Geschichte

Das Wort *Lapis* entstammt der lateinischen Sprache und bedeutet „Stein“. *Lazuli*, Genitiv des mittellateinischen Wortes *lazulum* für „blau“, leitet sich über das Arabische von persischen لاژورد / *lāžward* /‚himmelblau‘ ab. Synonyme Bezeichnungen sind unter anderem *Azur d'Acre, azurum ultramarinum, Bleu d'Azur, Lapis lazuli ultramarine, Las(z)urstein, Lazurium, Oltremare, Orientalischblau, Outremer lapis, Pierre d'azur, Ultramarin echt, Ultramar ino/verdadero, Ultramarine natural;* des Weiteren nach Plinius und Theophrast *coeruleum scythium.*

Lapislazuli war bereits im 3. Jahrtausend v. Chr. ein Handelsgut, das in Form von unbearbeiteten Blöcken und geschliffenen Schmuckperlen über weite Strecken transportiert wurde. Von den Fundstätten in der nordostafghanischen Provinz Badachschan wurden Blöcke von Lapislazuli nach Schahr-e Suchte im heutigen Osten Irans transportiert. Strukturanalysen ergaben, dass es sich bei dem im Tal des Kokcha-Flusses in Badachschan auf 1500 bis 5000 Meter Höhe gefundenen Material um dasselbe wie in Schahr-e Suchte handelte. Auch Tepe Hissar in Nordiran war am Steinhandel beteiligt. In beiden Orten wurden Werkstätten aus der Mitte des 3. Jahrtausends ausgegraben, in denen neben Lapislazulistücken auch Werkzeuge für die Bearbeitung gefunden wurden: Bohrer und Klingen aus Feuerstein, sowie Stößel und Glätter aus Jaspis. Das in Mesopotamien gefundene Lapislazuli stammte ebenfalls aus Afghanistan. Der assyrische König Šamši-Adad I. (18. Jahrhundert v. Chr.) erwähnte Lapislazuli unter den kostbaren Materialien, die er aus anderen Ländern bezogen habe. Das Mineral gelangte von hier nach Syrien, wo in Ugarit Perlen für kostbare Gewänder aus Lapislazuli und Karneol gefunden wurden, und durch Vermittlung von in Syrien lebenden Völkern bis nach Ägypten.[4]

Farbe

Begehrte Schmucksteine sind von intensiver, ultramarinblauer Farbe, die auf $^{\bullet}S_3^-$ Radikalanionen des Schwefels zurückzuführen ist. Fein verteilter Pyrit gilt als Echtheitsnachweis. Flecken oder kleine goldfarbene Pyritadern werden ebenfalls geschätzt, jedoch sollte der Pyritanteil nicht zu groß sein, da die Farbe sonst in ein unschönes Grün umschlägt. Steine, bei denen das Calcit stark hervortritt, sind weniger wertvoll.

Lapislazuli aus der afghanischen Lagerstätte in der Provinz Badakhshan (Kokscha-Tal)

Die verschiedenen Lagerstätten bringen Farbnuancen hervor. Tadschikische Lapislazuli sind eher marineblau, die am Baikalsee gefundenen weisen blauviolette Töne und besonders starke Calcitanteile auf.

Bildung und Fundorte

Lapislazuli bildet sich vorwiegend durch Metamorphose bzw. metasomatische Vorgänge unter anderem in Amphiboliten, Gneis, Marmor, Peridotiten und Pyroxeniten. Des Weiteren können neben den bereits genannten Mineralen noch Afghanit, Apatit, Dolomit, Hauyn, Nephelin, Schwefel, Tremolit und andere assoziiert sein.

Die bekanntesten Fundstätten liegen im westlichen Hindukusch, in der Provinz Badakhshan in Afghanistan. Im afghanischen Bürgerkrieg spielte die Beherrschung des Pandschir-Tals, neben seiner strategischen Bedeutung, als Lieferant des teuren Lapislazulis eine wichtige Rolle als Einnahmequelle zum Kauf von Waffen. Die Gewinnungsstellen bei Sar-é Sang vom Kokscha-Tal in Badakhshan, in der noch heute Lapislazuli gewonnen wird, war schon zu Zeiten des alten Ägypten in Betrieb. Um den Stein zu gewinnen, wurde er in der Mine mit Feuer gesprengt: Man erhitzte die Steine durch örtliche intensive Holzfeuer und kühlte sie dann mit Wasser plötzlich ab, worauf sie Risse bekamen und herausgeklopft werden konnten. Heute wird in Badakhshan mit Sprengstoff gearbeitet.

Weitere wichtige Fundstätten befinden sich in Russland. Die farblich besten Varietäten stammen von der Lagerstätte Malobystrinskoye am Baikalsee. Weniger ergiebig erwiesen sich die Lokalitäten Talskoye und Sljudjanskoye in der Baikalregion. Die Fundstelle am Fluss Sljudjanka entdeckte Erich G. Laxmann in den Jahren 1784–1785, als er im Auftrag der Akademie der Wissenschaften des Zaren am Baikalsee naturwissenschaftliche Erkundungen betrieb. Katharina die Große sandte 1787 eine geologische Expedition in diese Region, um genauere Informationen über nutzbare Edelsteine und Minerale zu erhalten. Im Ergebnis gelangten auch Proben von Lasurit nach St. Petersburg.[5]

Zu den ehemaligen russischen Fundstätten, heute in Tadschikistan liegend, gehört auch noch das Lapisvorkommen von Ljadschwar-Dara im Pamir (Berg-Badachschan / Schachdarja-Kette).

Ferner existieren Fundorte bei Ovalle in Chile, im Iran sowie im Cascade Canyon von Kalifornien und am Magnet Cove in Arkansas (USA).

Verwendung

Schmuckstein

Figur aus Lapislazuli mit Pyriteinschlüssen (Länge: 8 cm)

Als Edel- oder besser Schmuckstein hat Lapislazuli eine Geschichte, die etwa 7.000 Jahre zurückreicht. Lapislazuli war das Kostbarste, was die alten Ägypter besaßen und ihren Pharaonen auf die Reise in das Jenseits mitgaben (siehe Mumienmaske des Tutanchamun). Da Lapislazuli allerdings bereits in dieser Zeit zu den teuersten Edelsteinen gehörte, gehörten die Ägypter auch zu den ersten, die neben Türkis auch den Lapis unter anderem mit blau gefärbtem Glas imitierten. Auch in Mesopotamien war Lapislazuli bei den Sumerern sehr begehrt. Schmuckstücke aus den Königsgräbern bei der großen Ziggurat in Ur, ausgestellt im Vorderasiatischen Museum in Berlin und in London, zeigen die reichliche Verwendung. Es gab nachweislich bereits 2000 vor Christus Handelsbeziehungen zwischen Ägypten, Mesopotamien und dem Norden Afghanistans (Lapislazuli-Straße, später Seidenstraße).

Giotto: Joachims Traum

Pigment

Lapislazuli spielte als Pigment in der Kunst eine große Rolle. Aus diesem Stein wurden die leuchtend blauen Farben gewonnen, mit denen insbesondere im Mittelalter beispielsweise Madonnengewänder gemalt wurden. Ein besonders schönes Beispiel für dessen Verwendung als Farbgrundstoff befindet sich auch in der Handschrift Das Stundenbuch des Herzogs von Berry, einem der wichtigsten Werke der Buchmalerei. So sind auf dem Kalenderblatt Januar zum Beispiel die Gewänder des Herzogs aus dieser Farbe hergestellt. Ein weiteres bemerkenswertes Beispiel für die Verwendung von gemahlenem Lapislazuli als Pigment ist Giottos Freskenzyklus in Padua, wo es für die Gestaltung des Himmels Verwendung fand. Die Farbe Blau wurde in der mittelalterlichen Malerei wohl auch deshalb so selten verwendet, weil blaue Pigmente wie Lapislazuli außerordentlich teuer und rar waren und von „jenseits der See" - daher auch die Bezeichnung „Ultramarin" - bezogen werden mussten.

Manipulationen und Imitationen

Blasser Lapislazuli wird geölt oder gewachst, um ihn dunkler erscheinen zu lassen. Eine ungleichmäßige Farbgebung lässt sich mit farbigem Öl vereinheitlichen, dies ist aber leicht mit Aceton nachweisbar. [3]

Lapislazuli von geringer Qualität und/oder in kleinen Bruchstücken wird zusammen mit Kunstharz zu größeren Steinen rekonstruiert.

Imitationen von Lapislazuli werden vor allem durch Einfärbung der Quarzvarietät Jaspis mit Berliner Blau hergestellt. So wird der sogenannte „Deutsche Lapis(lazuli)" [3] (auch „Swiss Lapis" [3] , „Blauer Onyx" oder „Nunkirchener Lapislazuli") in Nunkirchen (Stadt Wadern) aus Jaspis hergestellt. Behandelt man solcherart minderwertige Edelsteinimitationen im Ultraschallbad oder mit Salmiakgeist, treten auf der Steinoberfläche Flecken auf, die sich nicht mehr entfernen lassen.

Siehe auch

- Liste der Gesteine

Einzelnachweise

[1] GeoMuseum TU Clausthal - Lapis Lazuli (http://geomuseum.tu-clausthal.de/gesteine.php?section=22400&level=10&name=Lapis%sp%lazuli&details=on)

[2] Martin Okrusch, Siegfried Matthes: *Mineralogie: Eine Einführung in die spezielle Mineralogie, Petrologie und Lagerstättenkunde.* 7. Auflage. Springer Verlag, Berlin, Heidelberg, New York 2005, ISBN 3-540-23812-3, S. 125.

[3] Bernhard Bruder: *Geschönte Steine.* Neue Erde Verlag, 1998, ISBN 3-89060-025-5

[4] Horst Klengel: *Handel und Händler im alten Orient.* Köhler & Amelang, Leipzig 1979, S. 25 f, 70, 93, 149

[5] P. Kolesar, J. Tvrdý: *Zarenschätze.* Haltern (Bode Verlag) 2006. S. 567

Literatur

- Hugo Blümner: *Sapphir.* In: *Paulys Realencyclopädie der classischen Altertumswissenschaft* (RE). Band I A,2, Stuttgart 1920, Sp. 2356–2357.
- Walter Schumann: *Edelsteine und Schmucksteine.* 13. Auflage. BLV Buchverlag., München 1989, ISBN 3-405-16332-3.
- Gerd Weißgerber: *Schmucksteine im Alten Orient - Lapislazuli, Türkis, Achat, Karneol.* in T. Stöllner: *Persiens antike Pracht.* Dt. Bergbau-Museum, Bochum 2004, S. 64 - 76, ISBN 3-937203-10-9
- GeoMuseum TU Clausthal (http://geomuseum.tu-clausthal.de/gesteine.php?section=22400&level=10&name=Lapis%sp%lazuli&details=on)
- E.E. Kuzmina: "The Prehistory of the Silk Road". Hrsg. von Victor H. Mair, University of Pennsylvania Press, 2008

Weblinks

- Mineralienatlas:Lapislazuli (Wiki)
- Leopold Rössler: *Lapis Lazuli, Lasurstein.* (http://www.beyars.com/edelstein-knigge/lexikon_303.html) In: *Edelstein-Knigge.* 19. März 2010, abgerufen am 19. März 2010.
- Thomas Seilnacht: *Lapislazuli, Lasurit.* (http://www.seilnacht.com/Lexikon/Lapis.htm) 1. März 2010, abgerufen am 19. März 2010 (deutsch).
- Thomas Krassmann: *Lapislazuli - Vorkommen, Gewinnung und Marktpotential eines mineralischen Blaupigments.* (http://www.mineral-exploration.com/mepub/lapislazuli.pdf) 6. März 2010, abgerufen am 19. März 2010 (PDF 2MB).

Enlil

Enlil (auch **En-Lil, El-Lil, Ellil**; Beiname **Nunamnir**) ist der Hauptgott der sumerischen und auch der akkadischen, babylonischen und assyrischen Religion und Vorbild und Bestandteil anderer Gottheiten diverser altorientalischer Völker.

Der Name *En-Lil* stammt aus der sumerischen Sprache und bedeutet wörtlich übersetzt "*Herr Wind*". Im Zusammenhang gesehen bedeutet das Wort "Herr des lauten Wortes" oder "Herr des Befehls". Er ist der Sohn des obersten Gottes An. Er ist mit Ninlil verheiratet, in manchen Überlieferungen auch mit der Mami (Anzu-Mythos). Sein Bruder war Enki. Er war Vater mehrerer der wichtigsten Götter des sumerischen Pantheons wie Ninurta, Nanna (Sin) und Ischkur (Adad). Sein Bote war Nusku. Enlil wird schon auf den Tafeln aus Dschemdet Nasr erwähnt. Durch die Schicksalstafeln gebot er über die anderen Götter. Nach akkadischen Vorstellungen bestimmten diese Tafeln den Gang der Ereignisse. Für die Sumerer kamen nur wenige Götter Enlil gleich.

In der babylonischen Religion wurde Enlils Rolle im Laufe der Zeit von Marduk übernommen, in der assyrischen Religion von Aššur. In neuassyrischer Zeit wurden Aššur und Enlil in Assyrien oft gleichgesetzt.[1]

Kult

Sein Hauptkultort und wichtigstes Zentrum der sumerischen Religion war Nippur (É.KUR). Viele Götter reisten einmal im Jahr nach Nippur, um den Segen Enlils zu erhalten. Enlil besaß auch einen Tempel E'ugal in Dur Kurigalzu. Teile des Tempels waren Ninurta und Ninlil gewidmet[2].

Literarische Darstellungen

In der sumerischen und akkadischen Dichtung wurde Enlil mehrfach behandelt.

- Im *Lehrgedicht von der Erschaffung der Hacke* wird ihm unter anderem die Trennung von Himmel und Erde zugeschrieben.
- Auch im Mythos von *Enlil und Ninlil* steht er im Mittelpunkt. Hier wird er, obwohl der ranghöchste Gott, von den anderen Göttern wegen der Vergewaltigung Ninlils aus seiner Stadt Nippur in die Unterwelt verbannt. Nachdem sie ihren Sohn Nanna geboren hatte, folgten ihm Ninlil und Nanna in die Unterwelt. Hier gebar Ninlil weitere Kinder, die anstatt Enlils in der Unterwelt verblieben.
- In der 70 Tafeln umfassenden kanonischen Keilschrifttafelserie *Enuma Anu Enlil* werden in 7000 *Omina*, ominöse Erscheinungen von Mond, Sonne, Planeten und Fixsternen behandelt.

Siehe auch

- En

Literatur

- Tilman Eickhoff: *Kār-Tukulti-Ninurta. Eine mittelassyrische Kult- und Residenzstadt.* Mann, Berlin 1985, ISBN 3-7861-1384-X, (*Abhandlungen der Deutschen Orient-Gesellschaft* 21), S. 49–50.
- Helmut Freydank u.a.: *Lexikon Alter Orient. Ägypten * Indien * China * Vorderasien.* VMA-Verlag, Wiesbaden 1997, ISBN 3-928127-40-3.
- Brigitte Groneberg: *Die Götter des Zweistromlandes. Kulte, Mythen, Epen.* Artemis & Winkler, Stuttgart 2004, ISBN 3-7608-2306-8.

Einzelnachweise

[1] Andreas Schachner: *Bilder eines Weltreichs: kunst- und kulturgeschichtliche Untersuchungen zu den Verzierungen eines Tores aus Balawat (Imgur-Enlil) aus der Zeit von Salmanassar III., König von Assyrien.* Brepols, Brüssel 2007, ISBN 978-2-503-52437-5 (*Subartu.* 20), S. 9.
[2] Niek Veldhuis 2008, Kurigalzu's Statue Inscription. *Journal of Cuneiform Studies* 60, 26

Article Sources and Contributors

Aquarquf *Source*: http://de.wikipedia.org/w/index.php?title=Aquarquf *Contributors*: ChristianBier, Desmo, Hurin Thalion, Jkü, Les Prat, Muritatis, Mursilis, NebMaatRe, RobertLechner, Yak

Bagdad *Source*: http://de.wikipedia.org/w/index.php?title=Bagdad *Contributors*: *p-marc, 20percent, 32X, AHert, Achim Jäger, Aka, Akkakk, Alboholic, Alexander Z., Allesmüller, Aloiswuest, Alpencorinth, Amurtiger, Aquinate, ArnoLagrange, Astrobeamer, BK, BLueFiSH.as, Baba66, Balû, Bender235, Bierdimpfl, Bondom, Catfisheye, Chaldäer, Chleo, ChrisHamburg, Chrisfrenzel, Christian1985, ChristianBier, CommonsDelinker, Complex, Crux, Cymothoa exigua, Cyper, Cyphor, D, DerGrosse, DerHexer, DivineDanteRay, Docvalium, Don Magnifico, Dr. Andreas Birken, Eckhart Wörner, Elian, Elvis214, Ennimate, ErikDunsing, Euku, Eynre, FAFA, Fairway, Fierabrás, Florian.Keßler, Fristu, FritzG, Fuesika, Futran, Gelli1742, Generator, Gerhardvalentin, Gilliamjf, Gorgo, Greatbanana, Guidod, Guillermo, Haeber, Halsbandsittich, Hans J. Castorp, Head, Hedwig in Washington, HerbertReichart, Herzi Pinki, Hewa, High Contrast, Hubertl, Ixitixel, J budissin, J.Rohrer, JCIV, Jashuah, Jed, Jivee Blau, JohannWalter, Johnny Controletti, Kaisersoft, Kampet, KapZlock, Karl-Henner, Keichwa, KleinKlio, Krawi, KureCewlik81, Labant, Lechhansl, Leshonai, Liuthalas, MAY, Madden, Marcus Cyron, Marcw, Mariachi, Martin-vogel, Martin1978, Matt1971, Maxl, Mediocrity, Michael Hobi, MoserB, MsChaos, Muhamed, Muhammed S., Musbay, Naftoon, Nino, Noddy93, Norro, Obersachse, Oromoyo, PDCA, Partigiano, Pendulin, Peter200, Phoenix2, Pittimann, Primus von Quack, Prolinesurfer, RobertLechner, Rolling Thunder, Roo1812, Roterraecher, Samyan, Sankherus, Schaufi, Schlaflos1971, Seewolf, Seminal, Shadak, Shmuel haBalshan, Sicherlich, Sisal13, Srbauer, Stefan Kühn, Stephan Klage, Stepro, Suisui, Sven-steffen arndt, Tekisch, ThoR, Thomas Tunsch, Thorbjoern, Tilo, Tinz, Toebbens, Tönjes, Unscheinbar, Urbanus, VerwaisterArtikel, Visi-on, Vorrauslöscher, W-j-s, W.alter, WAH, Weltsicht, Westiandi, Wiki-observer, Wikifreund, Windharp, Wst, YourEyesOnly, Zenit, , 288 anonymous edits

Kassiten *Source*: http://de.wikipedia.org/w/index.php?title=Kassiten *Contributors*: Agathoclea, Aka, Alexander.stohr, Ana al'ain, Atamari, Bomzibar, Demonax, Dietrich, Don Magnifico, Ephraim33, Ernst Kausen, FloK, Gemaho, Hurin Thalion, KureCewlik81, Löschfix, Medved, NebMaatRe, Pittimann, Rr2000, Sat Ra, Sbstn.nkly, Schar Kischschatim, WolfgangRieger, Wst, Yak, 12 anonymous edits

Kuri-galzu_I. *Source*: http://de.wikipedia.org/w/index.php?title=Kuri-galzu_I. *Contributors*: Asdert, Atamari, Don Magnifico, Ephraim33, Goldzahn, Jed, Mursilis, NebMaatRe, Ralf S., Silewe, USt, Yak, 3 anonymous edits

Irakisches_Nationalmuseum *Source*: http://de.wikipedia.org/w/index.php?title=Irakisches_Nationalmuseum *Contributors*: .Mag, Foundert, He3nry, Man77, Marcus Cyron, Nepomucki, Pakeha, Schar Kischschatim, Webverbesserer, 1 anonymous edits

Lehm *Source*: http://de.wikipedia.org/w/index.php?title=Lehm *Contributors*: AHZ, Aka, Aktivlehm, Alraunenstern, Androl, Avoided, Bamse85, Barockbaumeister, Bdk, Bello, Birger Fricke, Cactus26, ChrisHamburg, Church of emacs, Codeispoetry, Complex, Coyote III, Croq, Crux, DerHexer, Dundak, Ejfis, Elwe, Engie, Garnichtsoeinfach, Gehkadl, Geisslr, Geoz, Gestumblindi, Grabenstedt, H2OMy, Hafenbar, Hergé, Hokanomono, Hornisse, Horst-schlaemma, HorstTitus, Jeangabin, Jo Weber, JohannWalter, Jolo, Korinth, Krawi, Krokofant, LKD, Limasign, Liuthalas, Manecke, MasterFinally, Mikue, Millbart, Mnh, Nb, Ot, Otto Normalverbraucher, Pelz, Phileuk, Pittimann, Pixelfire, Qhx, Ralph Oesker, Rap, Regi51, Rhododendronbusch, Roo1812, STBR, Saehrimnir, Schwalbe, Sebastian Wallroth, Sinn, Skriptorius, Snipsnapper, Soebe, Spuk968, Stracfor, Technosenior, Tic-hl, TomAlt, Vergelter, Vesta, W!B:, Wilderbuilder, Wst, Wuselmart, 88 anonymous edits

Nuzi *Source*: http://de.wikipedia.org/w/index.php?title=Nuzi *Contributors*: Aka, Bertramz, Boga, Don Magnifico, Drogya, Heimli1978, Henry K. Duff, Hurin Thalion, Idler, KureCewlik81, Löschfix, MFM, Maelcum, Marcus Cyron, Mursilis, NebMaatRe, Ninschuburra, Poppy, Quant3-kurzstrumpf, Rahmstor, Reiner Stoppok, Revolus, Roterraecher, Silenus, Thogo, Wst, Yak, 5 anonymous edits

Tempel *Source*: http://de.wikipedia.org/w/index.php?title=Tempel *Contributors*: 08-15, 100 Pro, A.Savin, Ahmadi, Aka, Aktions, Alfons2, Andim, Andre Lettau, Armin P., Asthma, Bdk, Bender235, Bertram28062009, Binter, Blauer elephant, Bonace, Brakbekl, Bullenwächter, Bärski, Carbidfischer, Ch.baumi, Chezki, ChrisHamburg, ChristophDemmer, Complex, Cride, D, DaB., Decius, Defrenrokorit, Der Bischof mit der E-Gitarre, DerHexer, Diba, Dietrich, Don Magnifico, Donny, Durga, ERWEH, Entlinkt, Factumquintus, Fish-guts, Florean Fortescue, Florian Blaschke, Fristu, Gum'Mib'Aer, H.Albatros, H0tte, HBarchet, HaSee, Haseluenne, Head, Hubertl, Hydro, Ibn Battuta, JAn Dudík, JCIV, JEW, Jakob Mitzlaff, JanCK, Jed, Jivee Blau, KWa, KaiMeier, Kimse, Kku, Koerpertraining, König Alfons der Viertelvorzwölfte, Leichtbau, Liesel, LogoY, Lujew12, Lupo Curtius, Magadan, Magnus, Mahqz, Marsku, Martin Bahmann, Matt1971, Matt314, Matthiasb, Matthäus Wander, Matze6587, Maxim Kammerer, Maya, Media lib, Mfennema, Michael Kühntopf, Michael-M, Mipago, Mr.bloom, Ninjamask, Obersachse, Once1976, Osch, Ottomanisch, Pacogo7, Parvati, Perrak, Peter Wöllauer, Peter200, Pittimann, PunktKommaStrich, Regi51, Robert Huber, Rolf Schulte, Rubi1983, STBR, Saed, Salmi, Schlock, Shmuel haBalshan, Sholom, Sinn, Sionnach, Small Axe, Snoop, Snotty, Spuk968, Stanzilla, Stefan Kühn, StefanC, StromBer, Tango8, Therapiegarten, Thomas Ihle, Thomas M., Timk70, Tintenherz12, Tobnu, TomAlt, Torush, Traitor, Tresckow, Tusculum, Tönjes, Unscheinbar, Vipsanius, WAH, Wiki Gh!, Wolfgang1018, Wst, Xix, Xquenda, Yak, YourEyesOnly, Zaibatsu, Zaphiro, 149 anonymous edits

Ornament *Source*: http://de.wikipedia.org/w/index.php?title=Ornament *Contributors*: 24-online, 32X, AN, Achates, Andres, André Salvisberg, Arnd69, BS Thurner Hof, Brunswyk, Chrisfrenzel, ChristosV, Cleverboy, Crux, D-Kuru, David Rohr, Dundak, Ephraim33, Firestormmd, Fixlink, Gary Dee, Georg Jäger, Gerbil, Gregor Bert, Groogokk, I217, Jens Liebenau, Jnn95, Joachim Specht, Jonekw13, JuTa, Kaisersoft, Kathi03, Keil, Kibert, Kinder-Malstube, Knoerz, Koerpertraining, Kolossos, Locke2000, Ma-Lik, Mario todte, Martin Bahmann, Mats Halldin, Matze-berlin, Metzner, Mezzofortist, Muesse, NielsF, Ortelius, Parakletes, Pittimann, Priwo, Quinbus Flestrin, RTH, RainerB., Regi51, Roman bittner, Saibo, Schriftzampano, Sozi, Stefan Kühn, Stephan Klage, SupapleX, Susanne Garchner, Suse, Taxiarchos228, Theobald63, Thomas Schulte im Walde, TomAlt, Tsor, Umherirrender, W!B:, Wnme, YMS, YourEyesOnly, Zoph, 51 anonymous edits

Fresko *Source*: http://de.wikipedia.org/w/index.php?title=Fresko *Contributors*: Alexander Gamauf, Alina Cesar, Altruist, Anathema, Androl, Anuvito, Artmax, Baird's Tapir, Bartleby08, Binter, Blaufisch, Caligulaminus, Chaddy, Chleo, ChristophDemmer, Christos Vittoratos, DKrieger, DasBee, Dbangert, Diyias, Dlonra, Doktorscholl, Don Magnifico, Drahreg01, Einschrittvoraus, Enslin, Fb78, Graphikus, Gregor Bert, Gugganij, Gustavf, H.-P.Haack, Hannesxyz, Hellerhoff, Howwi, Inkowik, Ische007, JBirken, Johannes von Salem und Seborga, Josue007, Karl-Henner, Kirsch, Mahriser, Maretsch, Mario todte, Markoz, Matt1971, Moros, Nd, Nerd, Nockel12, Numbo3, Oimel, Osalkah, Otto06217, Parakletes, Pit, Pjacobi, Platte, PunktKommaStrich, RedPiranha, Rhododendronbusch, Richard Huber, RobertLechner, Romanm, Sansculotte, Siehe-auch-Löscher, Silenus, Snotty, SnowCrash, Spuk968, Stefan Kühn, Summ, The weaver, Tilla, Toontje, Umweltschützen, Uncopy, W!B:, WAH, WWSS1, Wiegels, Wiki-vr, Wilhelm Bush, Woches, WolfgangRieger, Wst, YMS, 45 anonymous edits

Zikkurat *Source*: http://de.wikipedia.org/w/index.php?title=Zikkurat *Contributors*: 100 Pro, 4tilden, Alexander.stohr, Altaileopard, Amano1, Anton, Arjeh, BLueFiSH.as, BesondereUmstaende, Catfan, Delabarquera, DieAlraune, Euripides, Florian, Frommbold, GDK, Geisslr, Heinte, Helmut Zenz, JEW, Jodoform, Jrrtolkien, Kam Solusar, Karl-Henner, Livedstep, Lucarelli, Löschfix, Maclemo, Marcus Cyron, Matt1971, Maya, Mcb170, Mgehrmann, Moklitz, Mursilis, Ninjamask, Old Man, R. Nackas, RobertLechner, S!ska, Saehrimnir, Sarkana, Schar Kischschatim, Schwimmie, SteMicha, Stephan Hense, Timo Müller, Udimu, Vrumfondel, Wicket, Woches, Wolfgang Schulze, Wolfgang1018, Yak, Zahnstein, Zerebrum, Ásgeir, 47 anonymous edits

Ištar *Source*: http://de.wikipedia.org/w/index.php?title=I%C5%A1tar *Contributors*: Aka, Alnilam, AlterWolf49, Amurtiger, Ana al'ain, Andrest, Boga, BuSchu, Canaimo, Derseefuchs, Diebu, ElNuevoEinstein, Florentyna, FritzG, Gerd-HH, Hans Koberger, Henriekestahl, Hurin Thalion, Inspektor.Godot, J-PG, JEW, Kajk, Löschfix, MaEr, Maleen, Marcus Cyron, Marzahn, Maya, Mike Krüger, NebMaatRe, NeverDoING, NoCultureIcons, Perhelion, Qumranhöhle, Regi51, Rolz-reus, SDB, STBR, SchallundRauch, Schar Kischschatim, Schattenspieler, Schreiber, SteMicha, Trutzi, UMW, UliFritsch, Ulz, Varina, Woches, WolfgangRieger, Yak, 38 anonymous edits

Kar-Tukulti-Ninurta *Source*: http://de.wikipedia.org/w/index.php?title=Kar-Tukulti-Ninurta *Contributors*: Aka, Bertramz, Boente, Boga, Dr. Colossus, Eriosw, Jbergner, Jed, Lofor, MFM, Tiroinmundam, Trinitrix, Udimu, Vux, Yak, 2 anonymous edits

Lapislazuli *Source*: http://de.wikipedia.org/w/index.php?title=Lapislazuli *Contributors*: A.Savin, Afghanboy, Aglarech, Aka, Amadeus70, ArtMechanic, BLueFiSH.as, BS Thurner Hof, Batchheizer, Bertonymus, Bertramz, CBaerens, Chd, Christianh, Codc, Datenralfi, Dein Freund der Baum, DiplomBastler, Drahreg01, El bes, Factumquintus, Gravitophoton, Gregor Bert, Grey Geezer, HAL Neuntausend, Hans J. Castorp, Hardcoreraveman, Immanuel Giel, Janneman, Johamar, Kibert, Kroschka Ru, LKD, Lapislatsuli, Leifelix, Lysippos, Ma XiaoWen, Magnus Manske, Man77, Markscheider, Martin Sell, Mijobe, Mikue, Nd, Nockel12, Odin, Orci, Pittimann, Ra'ike, Reinhard Kraasch, Renekaemmerer, Rob Hooft, Roepcke, Roll-Stone, Rufus46, Silane, Sisal13, Spuk968, StephanKetz, Stepro, Stuffi, Supermartl, ThomasPusch, Varina, Vettka, Wela49, Wiki-Hypo, Wst, YourEyesOnly, Zahnstein, ³²P, 57 anonymous edits

Enlil *Source*: http://de.wikipedia.org/w/index.php?title=Enlil *Contributors*: -stefan, AKeckarov, Baumfreund-FFM, Boga, Jed, Marcus Cyron, Mursilis, NebMaatRe, Sisal13, Srbauer, StYxXx, Syslock, Woches, WolfgangRieger, Yak, 7 anonymous edits

Image Sources, Licenses and Contributors

Datei:Iraq location map.svg *Source*: http://de.wikipedia.org/w/index.php?title=Datei:Iraq_location_map.svg *License*: unknown *Contributors*: User:NordNordWest

Datei:BadgagOpenStreetMap.jpg *Source*: http://de.wikipedia.org/w/index.php?title=Datei:BadgagOpenStreetMap.jpg *License*: unknown *Contributors*: Fuesika, Jodo, Jule N., Ra'ike, Yellowcard, 6 anonymous edits

Datei:Baghdd.jpg *Source*: http://de.wikipedia.org/w/index.php?title=Datei:Baghdd.jpg *License*: unknown *Contributors*: دمحم, 2 anonymous edits

Datei:Bagdad-sat.JPG *Source*: http://de.wikipedia.org/w/index.php?title=Datei:Bagdad-sat.JPG *License*: unknown *Contributors*: NASA

Datei:Baghdad-Zumurrud-Khaton.jpg *Source*: http://de.wikipedia.org/w/index.php?title=Datei:Baghdad-Zumurrud-Khaton.jpg *License*: unknown *Contributors*: American Colony (Jerusalem). Photo Dept., photographer.

Datei:Hulagu Baghdad 1258.jpg *Source*: http://de.wikipedia.org/w/index.php?title=Datei:Hulagu_Baghdad_1258.jpg *License*: unknown *Contributors*: Sayf al-Vâhidî. Hérât. Afghanistan

Datei:Bagdad, 19. Jahrhundert.jpg *Source*: http://de.wikipedia.org/w/index.php?title=Datei:Bagdad,_19._Jahrhundert.jpg *License*: unknown *Contributors*: TobiasVetter, Yellowcard

Datei:Straße im Bagdad des 19. Jahrhunderts.JPG *Source*: http://de.wikipedia.org/w/index.php?title=Datei:Straße_im_Bagdad_des_19._Jahrhunderts.JPG *License*: unknown *Contributors*: Sargoth, TobiasVetter

Datei:Baghdad-Serai-1918.jpg *Source*: http://de.wikipedia.org/w/index.php?title=Datei:Baghdad-Serai-1918.jpg *License*: unknown *Contributors*: Aziz1005, Infrogmation, Raf24

Datei:Baghdad LOC 13186.jpg *Source*: http://de.wikipedia.org/w/index.php?title=Datei:Baghdad_LOC_13186.jpg *License*: unknown *Contributors*: Balcer, BomBom, Infrogmation, Raf24, Schekinov Alexey Victorovich, Vaya

Datei:BritsLookingOnBaghdad1941.jpg *Source*: http://de.wikipedia.org/w/index.php?title=Datei:BritsLookingOnBaghdad1941.jpg *License*: unknown *Contributors*: Tanner A R (Lieut); No 1 Army Film & Photographic Unit

Datei:Bagdad2 i juni 1977.jpg *Source*: http://de.wikipedia.org/w/index.php?title=Datei:Bagdad2_i_juni_1977.jpg *License*: unknown *Contributors*: Bobby, Infrogmation, Raf24

Datei:Baghdad-smoke-satellite.jpg *Source*: http://de.wikipedia.org/w/index.php?title=Datei:Baghdad-smoke-satellite.jpg *License*: unknown *Contributors*: At the morning of March 31, 2003, by the Advanced Spaceborne Thermal Emission and Reflection Radiometer (ASTER) instrument aboard NASA's Terra satellite.

Datei:Baghdad nima 2003.jpg *Source*: http://de.wikipedia.org/w/index.php?title=Datei:Baghdad_nima_2003.jpg *License*: unknown *Contributors*: National Imagery and Mapping Agency of the United States Government

Datei:Unbomb.jpg *Source*: http://de.wikipedia.org/w/index.php?title=Datei:Unbomb.jpg *License*: unknown *Contributors*: MSGT JAMES M. BOWMAN, USAF

Datei:UStanks baghdad 2003.JPEG *Source*: http://de.wikipedia.org/w/index.php?title=Datei:UStanks_baghdad_2003.JPEG *License*: unknown *Contributors*: TSGT JOHN L. HOUGHTON JR., USAF

Datei:WaziriyaAutobombeIrak.jpg *Source*: http://de.wikipedia.org/w/index.php?title=Datei:WaziriyaAutobombeIrak.jpg *License*: unknown *Contributors*: U.S. Navy photo by Mass Communication Specialist 2nd Class Eli J. Medellin

Datei:2ID Recon Baghdad.jpg *Source*: http://de.wikipedia.org/w/index.php?title=Datei:2ID_Recon_Baghdad.jpg *License*: unknown *Contributors*: Petty Officer 1st Class Marton Anton Edgil.

Datei:SadrCity.jpg *Source*: http://de.wikipedia.org/w/index.php?title=Datei:SadrCity.jpg *License*: unknown *Contributors*: User:notwist

Datei:1973 Baghdad mosque.jpg *Source*: http://de.wikipedia.org/w/index.php?title=Datei:1973_Baghdad_mosque.jpg *License*: unknown *Contributors*: Juiced lemon, Kobac, Monedula, Roger McLassus, TomAlt, Túrelio, 5 anonymous edits

Datei:A church in Baghdad.jpg *Source*: http://de.wikipedia.org/w/index.php?title=Datei:A_church_in_Baghdad.jpg *License*: unknown *Contributors*: Aziz1005, Raf24, Zzztriple2000, 1 anonymous edits

Datei:Great Synagogue of Baghdad.jpg *Source*: http://de.wikipedia.org/w/index.php?title=Datei:Great_Synagogue_of_Baghdad.jpg *License*: unknown *Contributors*: Chesdovi, G.dallorto, Infrogmation, Raf24

Datei:Government building, Baghdad 2006.jpg *Source*: http://de.wikipedia.org/w/index.php?title=Datei:Government_building,_Baghdad_2006.jpg *License*: unknown *Contributors*: FlickreviewR, Raf24, WikedKentaur

Datei:Flag of Jordan.svg *Source*: http://de.wikipedia.org/w/index.php?title=Datei:Flag_of_Jordan.svg *License*: unknown *Contributors*: User:SKopp

Bild:Flag of Lebanon.svg *Source*: http://de.wikipedia.org/w/index.php?title=Datei:Flag_of_Lebanon.svg *License*: unknown *Contributors*: Traced based on the CIA World Factbook with some modification done to the colours based on information at Vexilla mundi.

Datei:Flag of Egypt.svg *Source*: http://de.wikipedia.org/w/index.php?title=Datei:Flag_of_Egypt.svg *License*: unknown *Contributors*: Open Clip Art

Datei:Flag of Brazil.svg *Source*: http://de.wikipedia.org/w/index.php?title=Datei:Flag_of_Brazil.svg *License*: unknown *Contributors*: Brazilian Government

Datei:ComedianpartyBaghdad.jpg *Source*: http://de.wikipedia.org/w/index.php?title=Datei:ComedianpartyBaghdad.jpg *License*: unknown *Contributors*: AtelierMonpli, FunkMonk, Wst

Datei:Presidential Palace, Baghdad 2003.jpg *Source*: http://de.wikipedia.org/w/index.php?title=Datei:Presidential_Palace,_Baghdad_2003.jpg *License*: unknown *Contributors*: Aziz1005, Raf24, WikedKentaur

Datei:SaddamHusseinBronzeskulpturen.jpg *Source*: http://de.wikipedia.org/w/index.php?title=Datei:SaddamHusseinBronzeskulpturen.jpg *License*: unknown *Contributors*: DoD photo by Jim Gordon, CIV

Datei:Tomb of the Unknown Soldier - Baghdad.jpg *Source*: http://de.wikipedia.org/w/index.php?title=Datei:Tomb_of_the_Unknown_Soldier_-_Baghdad.jpg *License*: unknown *Contributors*: jamesdale10

Datei:Haifa street, as seen from the medical city hospital across the tigres.jpg *Source*: http://de.wikipedia.org/w/index.php?title=Datei:Haifa_street,_as_seen_from_the_medical_city_hospital_across_the_tigres.jpg *License*: unknown *Contributors*: Original uploader was Zzztriple2000 at en.wikipedia

Datei:Sadr City Market - CPT July 2005.jpg *Source*: http://de.wikipedia.org/w/index.php?title=Datei:Sadr_City_Market_-_CPT_July_2005.jpg *License*: unknown *Contributors*: CPT photo

Datei:Baghdad-bank-hires.jpg *Source*: http://de.wikipedia.org/w/index.php?title=Datei:Baghdad-bank-hires.jpg *License*: unknown *Contributors*: ABF, Arch2all, Ardfern, Bestiasonica, FieldMarine, Raf24, Timmmy, Zaccarias, 2 anonymous edits

Datei:BaghdadStreet.jpg *Source*: http://de.wikipedia.org/w/index.php?title=Datei:BaghdadStreet.jpg *License*: unknown *Contributors*: Original uploader was Chitrapa at en.wikipedia

Datei:Baghdad International Airport (October 2003).jpg *Source*: http://de.wikipedia.org/w/index.php?title=Datei:Baghdad_International_Airport_(October_2003).jpg *License*: unknown *Contributors*: Thomas Hartwell, USAID

Datei:Baghdad Train Station 1959.jpg *Source*: http://de.wikipedia.org/w/index.php?title=Datei:Baghdad_Train_Station_1959.jpg *License*: unknown *Contributors*: Aziz1005, Foroa, Gürbetaler, Raf24

Datei:King Faisal's statue at the end of Haifa street.jpg *Source*: http://de.wikipedia.org/w/index.php?title=Datei:King_Faisal's_statue_at_the_end_of_Haifa_street.jpg *License*: unknown *Contributors*: Original uploader was Zzztriple2000 at en.wikipedia

Datei:Kiowa over Baghdad.jpg *Source*: http://de.wikipedia.org/w/index.php?title=Datei:Kiowa_over_Baghdad.jpg *License*: unknown *Contributors*: not specified

Datei:Mustansiriya University CPT.jpg *Source*: http://de.wikipedia.org/w/index.php?title=Datei:Mustansiriya_University_CPT.jpg *License*: unknown *Contributors*: CPT photo

Bild:Kassite Babylonia EN.svg *Source*: http://de.wikipedia.org/w/index.php?title=Datei:Kassite_Babylonia_EN.svg *License*: unknown *Contributors*: User:MapMaster

Datei:National Museum Iraq.jpg *Source*: http://de.wikipedia.org/w/index.php?title=Datei:National_Museum_Iraq.jpg *License*: unknown *Contributors*: Original uploader was Zzztriple2000 at en.wikipedia

Datei:Wiedenbrück Erdschichten.jpg *Source*: http://de.wikipedia.org/w/index.php?title=Datei:Wiedenbrück_Erdschichten.jpg *License*: unknown *Contributors*: User:Kaspar1892

Datei:Lehmgrube.jpg *Source*: http://de.wikipedia.org/w/index.php?title=Datei:Lehmgrube.jpg *License*: unknown *Contributors*: User:Otto Normalverbraucher

Datei:Mali Dogon 04.jpg *Source*: http://de.wikipedia.org/w/index.php?title=Datei:Mali_Dogon_04.jpg *License*: unknown *Contributors*: FlickreviewR, JotaCartas, KTo288, ~Pyb

Datei:Djenné Moschee.jpg *Source*: http://de.wikipedia.org/w/index.php?title=Datei:Djenné_Moschee.jpg *License*: unknown *Contributors*: Original uploader was Euronaut at de.wikipedia Later versions were uploaded by Zahnstein at de.wikipedia.

Datei:NB-St-Marien-Kirche-11-IV-2007-099.jpg *Source*: http://de.wikipedia.org/w/index.php?title=Datei:NB-St-Marien-Kirche-11-IV-2007-099.jpg *License*: unknown *Contributors*: Botaurus stellaris

Datei:März 2008 028.jpg *Source*: http://de.wikipedia.org/w/index.php?title=Datei:März_2008_028.jpg *License*: unknown *Contributors*: H2OMy

Datei:Brutroehre Riparia riparia.JPG *Source*: http://de.wikipedia.org/w/index.php?title=Datei:Brutroehre_Riparia_riparia.JPG *License*: unknown *Contributors*: Hartmut Inerle

Datei:Meso2mil.JPG *Source*: http://de.wikipedia.org/w/index.php?title=Datei:Meso2mil.JPG *License*: unknown *Contributors*: MaxEnt, Sumerophile, Zunkir, 1 anonymous edits

Datei:Samye Tibet.jpg *Source*: http://de.wikipedia.org/w/index.php?title=Datei:Samye_Tibet.jpg *License*: unknown *Contributors*: Gryffindor, Mattes, Tsui

Datei:Christian-van-adrichom JERVSALEM-et-suburbia-eius detail-solomon-temple 1-1497x1000.jpg *Source*: http://de.wikipedia.org/w/index.php?title=Datei:Christian-van-adrichom_JERVSALEM-et-suburbia-eius_detail-solomon-temple_1-1497x1000.jpg *License*: unknown *Contributors*: AndreasPraefcke, G.dallorto, HenkvD, Luestling, Netanel h, Rilegator, Talmoryair, Warburg, Wst

Datei:Temple of Hephaestus (Southwest), Athens - 20070711b.jpg *Source*: http://de.wikipedia.org/w/index.php?title=Datei:Temple_of_Hephaestus_(Southwest),_Athens_-_20070711b.jpg *License*: unknown *Contributors*: Barcex, Para

Datei:Nimes mc.jpg *Source*: http://de.wikipedia.org/w/index.php?title=Datei:Nimes_mc.jpg *License*: unknown *Contributors*: Andim

Datei:Temple.of.Minerva01.jpg *Source*: http://de.wikipedia.org/w/index.php?title=Datei:Temple.of.Minerva01.jpg *License*: unknown *Contributors*: Georges Jansoone

Datei:RanganathaTemple.jpg *Source*: http://de.wikipedia.org/w/index.php?title=Datei:RanganathaTemple.jpg *License*: unknown *Contributors*: Ashwatham, KTo288, Nataraja, Ranveig, Roland zh

Datei:bali-tempel.jpg *Source*: http://de.wikipedia.org/w/index.php?title=Datei:Bali-tempel.jpg *License*: unknown *Contributors*: Benutzer:Rubi1983

Datei:Hatschepsuttempel.jpg *Source*: http://de.wikipedia.org/w/index.php?title=Datei:Hatschepsuttempel.jpg *License*: unknown *Contributors*: Aoineko, Duesentrieb, Hajor, JMCC1, Luestling, Nowic, Rémih, Schreibkraft, 1 anonymous edits

Datei:Rundbogenfries.JPG *Source*: http://de.wikipedia.org/w/index.php?title=Datei:Rundbogenfries.JPG *License*: unknown *Contributors*: Andreas Gronski

Datei:Joseph Schwarzmann Deko Speyer 1.jpg *Source*: http://de.wikipedia.org/w/index.php?title=Datei:Joseph_Schwarzmann_Deko_Speyer_1.jpg *License*: unknown *Contributors*: Joseph Schwarzmann (+1890)

Datei:Meyers b12 s0450d.jpg *Source*: http://de.wikipedia.org/w/index.php?title=Datei:Meyers_b12_s0450d.jpg *License*: unknown *Contributors*: Red Rooster, Wikid77, 1 anonymous edits

Datei:Galluspforte des Basler Muensters ws.jpg *Source*: http://de.wikipedia.org/w/index.php?title=Datei:Galluspforte_des_Basler_Muensters_ws.jpg *License*: unknown *Contributors*: Wladyslaw Sojka at de.wikipedia

Datei:Pauluskirche in Bern (Detail).jpg *Source*: http://de.wikipedia.org/w/index.php?title=Datei:Pauluskirche_in_Bern_(Detail).jpg *License*: unknown *Contributors*: Original uploader was Wladyslaw Sojka at de.wikipedia (Original text : ? Wladyslaw [Disk.])

Datei:Kuppelfreskowieskirche.jpg *Source*: http://de.wikipedia.org/w/index.php?title=Datei:Kuppelfreskowieskirche.jpg *License*: unknown *Contributors*: JuTa

Datei:St._Peter_(München)_Hochaltar_&_Deckengemälde.jpg *Source*: http://de.wikipedia.org/w/index.php?title=Datei:St._Peter_(München)_Hochaltar_&_Deckengemälde.jpg *License*: unknown *Contributors*: User:Richard Huber

Datei:Giotto - Scrovegni - -31- - Kiss of Judas.jpg *Source*: http://de.wikipedia.org/w/index.php?title=Datei:Giotto_-_Scrovegni_-_-31-_-_Kiss_of_Judas.jpg *License*: unknown *Contributors*: AndreasPraefcke, Bohème, Bon-Pirate, Bukk, Evrik, Javierme, JuTa, Mattes, Olivier2, Petrusbarbygere, Sailko, Xenophon, 2 anonymous edits

Datei:Partschins-Naturns-7425-Bearbeitet.jpg *Source*: http://de.wikipedia.org/w/index.php?title=Datei:Partschins-Naturns-7425-Bearbeitet.jpg *License*: unknown *Contributors*: User:DKrieger

Datei:Choghazanbil2.jpg *Source*: http://de.wikipedia.org/w/index.php?title=Datei:Choghazanbil2.jpg *License*: unknown *Contributors*: AnRo0002, Bontenbal, Calabash, Imz, JackyR, Jahongard, Mattes, Mmcannis, Shauni, Sumerophile

Datei:SialkCAD.jpg *Source*: http://de.wikipedia.org/w/index.php?title=Datei:SialkCAD.jpg *License*: unknown *Contributors*: Bontenbal, Denniss, Mmcannis, Shauni, Yonatanh, 1 anonymous edits

File:B010ellst.png *Source*: http://de.wikipedia.org/w/index.php?title=Datei:B010ellst.png *License*: unknown *Contributors*: Margret Studt

File:B153ellst.png *Source*: http://de.wikipedia.org/w/index.php?title=Datei:B153ellst.png *License*: unknown *Contributors*: Margret Studt

Datei:Kudurru Melishipak Louvre Sb23 Ishtar-star.jpg *Source*: http://de.wikipedia.org/w/index.php?title=Datei:Kudurru_Melishipak_Louvre_Sb23_Ishtar-star.jpg *License*: unknown *Contributors*: unknown ancient artist, photographed by User:Jastrow

Datei:Ishtar Gate at Berlin Museum.jpg *Source*: http://de.wikipedia.org/w/index.php?title=Datei:Ishtar_Gate_at_Berlin_Museum.jpg *License*: unknown *Contributors*: photo by Rictor Norton

Datei:Pergamon Museum Berlin 2007112.jpg *Source*: http://de.wikipedia.org/w/index.php?title=Datei:Pergamon_Museum_Berlin_2007112.jpg *License*: unknown *Contributors*: User:Gryffindor

File:Ishtar vase Louvre AO17000-detail.jpg *Source*: http://de.wikipedia.org/w/index.php?title=Datei:Ishtar_vase_Louvre_AO17000-detail.jpg *License*: unknown *Contributors*: unknown ancient artist, photographed by User:Jastrow

File:Ishtar Eshnunna Louvre AO12456.jpg *Source*: http://de.wikipedia.org/w/index.php?title=Datei:Ishtar_Eshnunna_Louvre_AO12456.jpg *License*: unknown *Contributors*: User:Jastrow

Datei:Assyrian monkey.JPG *Source*: http://de.wikipedia.org/w/index.php?title=Datei:Assyrian_monkey.JPG *License*: unknown *Contributors*: User:Udimu

Datei:Assur temple Kar Tukulti.jpg *Source*: http://de.wikipedia.org/w/index.php?title=Datei:Assur_temple_Kar_Tukulti.jpg *License*: unknown *Contributors*: User:Udimu

Datei:Assyrian painting.JPG *Source*: http://de.wikipedia.org/w/index.php?title=Datei:Assyrian_painting.JPG *License*: unknown *Contributors*: User:Udimu

Datei:Lapis lazuli block.jpg *Source*: http://de.wikipedia.org/w/index.php?title=Datei:Lapis_lazuli_block.jpg *License*: unknown *Contributors*: Frank C. Müller, Grendelkhan, Juiced lemon, Kluka, Man vyi, Sfu

Datei:Lapislazuli afghanistan-b.jpg *Source*: http://de.wikipedia.org/w/index.php?title=Datei:Lapislazuli_afghanistan-b.jpg *License*: unknown *Contributors*: User:Lysippos

Datei:Lapis.elephant.800pix.060203.jpg *Source*: http://de.wikipedia.org/w/index.php?title=Datei:Lapis.elephant.800pix.060203.jpg *License*: unknown *Contributors*: Juiced lemon, Jurema Oliveira, Kluka, Kneiphof, Man vyi, Sfu, 1 anonymous edits

Datei:Giotto - Scrovegni - -05- - Joachim's Dream.jpg *Source*: http://de.wikipedia.org/w/index.php?title=Datei:Giotto_-_Scrovegni_-_-05-_-_Joachim's_Dream.jpg *License*: unknown *Contributors*: AndreasPraefcke, Olivier2, Petrusbarbygere, Shakko, 1 anonymous edits